串料理

日本人气名店创意食谱

日本株式会社旭屋出版 编著

李祥睿　梁　晨　陈洪华 译

中国纺织出版社有限公司

译者的话

　　本书的主题为"有创意的串料理"，对于喜欢"撸串"的食客来说，简直是大快朵颐的乐事，书中精选了11家人气店铺的串料理食谱，从每家店的创意灵感，到食材选择、加工关键、器具介绍以及成品特色、调味料佐配，都有选择性地进行了讲解，精彩各异，适合下酒配餐。

　　本书由扬州大学李祥睿、梁晨、陈洪华翻译，参与译文资料搜集和文字处理的有浙江旅游职业学院的姚磊、吴熳琦；无锡旅游商贸高等职业技术学校的张开伟、徐子昂；连云港中等专业学校的李春林、程宝、范莹莹；连云港蔚蓝海岸国际大酒店的王浩等。在翻译过程中，还得到了扬州大学旅游烹饪学院、扬州大学外国语学院和中国纺织出版社有限公司的支持和鼓励，在此一并表示谢忱。

译　者

2021 年 9 月

目　录

004　**蔬菜肉卷烤串**（福冈·大名　蔬菜卷串屋　拗者）

016　**创意烤串**（福冈·警固　炸物小店　糀 nature）

032　**法式炸串**（大阪·梅田　BEIGNET）

044　**创意炸串**（大阪·北新地　again）

054　**蔬菜肉卷烤串**（大阪·难波　蔬菜卷串　鸣门屋）

064　**创意炸串**（京都·河原町　Kotetsu）

076　**洋风炸串**（爱知·名古屋　炸物酒吧　Ma Maison）

086　**天妇罗炸串**（东京·新宿　天妇罗炸串　山本家）

102　**鳗鱼烤串·野味烤串**（东京·新宿　新宿寅箱）

114　**烤鸡肉串**（东京·代代木　神鸡　代代木）

128　**蔬菜肉卷烤串**（东京·北千住　包的一步）

141　**店铺介绍**

蔬菜肉卷烤串

福冈・大名
蔬菜卷串屋　拗者

蔬菜作为主角，自然十分受女性顾客的喜爱。
发挥食材本味的创意烤串

　　"拗者"自 2011 年开店以来，凭借口口相传，如今工作日每天要接待 80 ～ 90 位顾客，周末的客流量则要超过 100 人，可谓名副其实的人气店铺。福冈县的餐饮业发达，当地人对口味要求较高，别的县过来的餐饮店很难生存，这是餐饮业的规律。而该店却打破了这个"魔咒"，引来不少关注。开店之初，"拗者"就把"蔬菜肉卷烤串"作为招牌菜。考虑到普通的烤串无法在当地脱颖而出，店家便设计了这种创意烤串，灵感源于在烧烤店经常看到的培根卷。使用五花肉则是因为这种食材更适合用来搭配各种蔬菜，尤其可以衬托出蔬菜的美味。肉的质量与蔬菜的品质同样重要，店家精选的是糸岛产的五花肉，切成厚度为 1.5 毫米的薄片使用。店主增田圭纪先生认为，这种超薄规格的肉片能衬托出蔬菜的口感和味道。向顾客展示食材，也是这家店里受欢迎的一个环节。将今日推荐的食材摆在木箱里，放在餐桌上进行展示。方法虽然简单，但能让蔬菜的新鲜度一目了然。2018 年 2 月，主打蔬菜肉卷烤串的 2 号分店、法式小酒馆风格的 3 号分店接连开业，"拗者"在福冈的市场份额越来越大。

店铺信息 地址：福冈县福冈市中央区大名 2-1-29AI 大楼 C 馆 1F　电话：092-715-4550　客容量：30 座

薄切糸岛五花肉

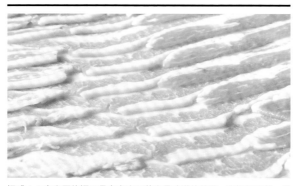

切成 1.5 毫米厚的福冈县糸岛产五花肉是味道的关键。肉切得极薄，这样一来加热时间更短，更加多汁。还可以防止加热过度，破坏蔬菜的口感。糸岛产五花肉的肥肉十分美味，这是我们选择它最重要的理由。

接近炭火效果的肥后牌烧烤架

使用的是"肥后牌烧烤架"，电热型的烤架，开启后 90 秒内可将温度提升至 850 ℃。加热元件的表面温度很高，烧烤出的汁水或酱汁滴落下来会瞬间蒸发，所以不易有烟。火床不怎么会脏，清洁起来也很轻松。

橙醋

生菜肉卷烤串、小葱肉卷烤串等经典人气蔬菜卷烤串，搭配的都是自制的橙醋。调制时加入高汤，味道很温和。

生菜肉卷烤串

高温快烤，可以充分保留生菜爽脆的口感。配上加入高汤的自制橙醋，口感清爽。

1

生菜按照3片五花肉的宽度切好，3~4片叠在一起，先将菜叶卷起来。一开始就要将生菜卷紧，这样才方便从外面卷上五花肉。

2

生菜易散开，所以卷的时候要用手指压住。根据生菜的量，用稍微长一点的五花肉片，方便固定。卷好后用竹扦穿过生菜的中心，就完成了。

万能小葱肉卷烤串也是一样，搭配的是自制橙醋。大约用半把小葱。每一份烤串都分量十足，这也是蔬菜肉卷烤串的特点之一。

万能小葱肉卷烤串

1

排放肉片，与半段小葱的长度一致，该店的万能小葱肉卷烤串大约要使用6片五花肉。肉片排列时稍微重叠，这样卷完后不会留缝隙，看起来更美观。

2

万能小葱两端的粗细不同，对半切开并作一把时，要注意保持两端粗细均匀。卷的时候以竹扦为轴，就能卷得比较整齐、漂亮。

3

卷好后，切成4～5厘米宽的段。生的时候可能会觉得有些长，但实际上烧烤后，葱和猪肉都会缩水。另外，猪肉一烤就会紧绷，所以不要卷得太紧。

马苏里拉西葫芦卷

这道串料理别具一格，不使用五花肉，而是用薄薄的西葫芦片包裹马苏里拉奶酪，再淋上罗勒酱，颇有意大利风味。

1
将西葫芦切成 1.5 毫米厚的薄片。长度在 15 厘米左右。太短的话很难卷起奶酪，太长的话西葫芦的味道会显得太突出。

2
奶酪切成一口大小，用西葫芦薄片卷起来，和五花肉一样，不要卷得太紧。

3
卷好后，3 个串成一串。奶酪不能切得过大，要能全部包进西葫芦里，防止烤的时候融化流出。

牛油果肉卷串

//////////////////////////////////

牛油果切稍大的块，突出口感。调味只用盐和胡椒。很受
女性喜爱。

因为要加热烹调，所以
不能使用过熟的牛油
果。牛油果与多汁的超
薄五花肉相得益彰。

猪肉卷秋葵

/////////////////////////////

这是一道经典的卷串，超薄猪五花搭配上秋葵，
口感、味道都很鲜活。只加盐和胡椒调味。

用3片五花肉包上1
根秋葵，然后切成两半，
串在扦上。1根串上用
2根秋葵。

加热前，会感觉豆苗有一些多，但烤后水分流失，会缩水不少。

豆苗肉卷串

这是店里唯一用酱汁调味的蔬菜卷烤串。因为豆苗的味道有些特别，如果只用胡椒盐调味的话，可能会有客人不习惯。所以店家选择用咸甜口的酱汁搭配口感爽脆的豆苗来改善味道和口感。

用完再添的
自制老卤

"豆苗肉卷串""酱汁鸡肉丸"，搭配使用的都是自制的咸甜酱汁，这种酱汁还用在烤鸡肉串中。以酱油为基础，加入苹果果酱、杏子果酱等，给食材添加水果的甜味和芳香蔬菜的风味。加上烧烤本身也会激发出食材的香味。

制作时苹果要加热，所以尽量选择口感较脆的品种。调味只用胡椒盐。

苹果肉卷串

水果烤串会不定期登场，女性顾客的点单率很高。胡椒盐的咸味衬托出苹果的甜味，非常适合搭配啤酒、苏打威士忌、鲜柠檬沙瓦等干酒。

山药紫苏猪肉卷

////////////////////////////////////

山药烤后不会缩水，所以将其切成一口大小，方便食用。从外侧开始，分别为猪五花肉、紫苏叶、山药，一共3层。

爽脆的山药加上清爽的紫苏叶，是经典的烤串搭配。山药不易熟，所以要小火慢烤。

西蓝花奶酪猪肉卷

///

仅西蓝花和五花肉的搭配就足够美味，再加上奶酪，多了一份西式的味道。制作时，需要用五花肉将西蓝花和奶酪完全包住。

与葱肉卷、豆苗肉卷不同，西蓝花和奶酪需要一个一个卷起来，这是一道费工夫的菜。用五花肉将食材完全包裹起来，以达到蒸烤的效果。

韭菜切半，扎成一把，卷上肉片，卷好后再切段。制作手法和万能小葱肉卷是一样的。

韭菜奶酪肉卷

/////////////////////////////////

烤制时还需适当保留韭菜脆脆的口感。调味只用胡椒盐。加入奶酪，更受女性欢迎。

鸡蛋煮至蛋白半凝固，触碰起来还有摇晃的感觉。之后用培根卷住半熟的水煮蛋，一起烧烤即可。

半熟鸡蛋培根

/////////////////////////////////

鸡蛋烤好后对半切开，蛋黄中心是烫的。但要注意不要烤过，防止蛋黄变得太硬。调味只用胡椒盐。培根本身带咸味，所以用白煮蛋来烤就可以。

年糕明太子培根卷

//////////////////////////////////////

韩国年糕配上明太子，用培根卷起来。这道烤串的受欢迎程度，在培根卷串中也是数一数二的。

韩国年糕是以粳米为原料制作的，口感干脆不粘牙，最适合烧烤。味道醇厚的明太子作为点缀，使味道更有整体感。

咸鸡肉串

/////////////////////

虽然不属于蔬菜卷串，这也是店家的自信之作。肉糜是自制的，将猪肉泥和鸡肉泥混合，加入猪油，十分多汁鲜嫩。

放上烤架大火烤制，牢牢地锁住肉汁。除了盐外，还可以搭配自制调味汁一起享用。

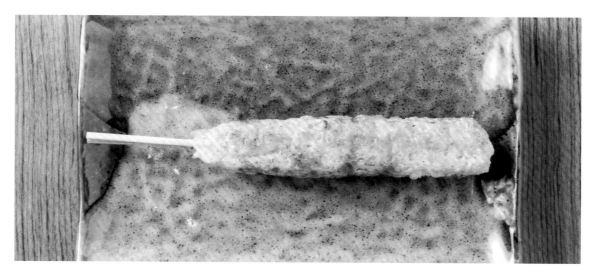

肉酱咖喱配切蒲英串

///

将刚煮好的米饭捣碎，串上竹扦烧烤，做成切蒲英（烤米棒），再淋上自制的肉酱咖喱即可。使用牛肉泥和猪肉泥，制作咖喱还加入了洋葱、萝卜、胡萝卜、青椒、芹菜等蔬菜，食材丰富。还用了 10 种香料，味道辛香刺激。

从福冈历史悠久的大排档文化中获得灵感，该店设置了露天座位。路人看一眼便知道店里的热闹，有招揽顾客的效果。

福冈·警固

炸物小店 糀 nature

盐曲使美味得到升华，
选择炸串食材时考虑是否适合搭配葡萄酒

　　本店的主打是炸串，以及 50 种以上的葡萄酒。虽然可以追加单品菜肴，但主要还是提供套餐。有两种套餐可供选择。一种是一份前菜加 8 ~ 10 份炸串；另一种是炸串数量不变，三份前菜，再加上佐贺牛肉咖喱、甜点以及香草茶。针对不同的食材，店家会改变面包糠的裹法，还有加热的程度。除了油炸的技巧，该店最吸引人的地方，在于能通过菜品感受九州的四季。除了直接从熟悉的农户那里购入蔬菜和水果外，采买时每天都要和多家蔬菜店打交道，严格挑选当季最美味的食材。使用的是优质食材，所以烹饪时更加注意保留原汁原味，这种风格很受 40 ~ 60 岁女性顾客的青睐。每串炸串都是用心之作，随处都闪烁着创意的光芒。精致的工艺、独特的烹饪方法，以及与调味料的搭配，都不同于常见的关西风味炸串。

店铺信息　地址：福冈县福冈市中央区警固 2-13-7 奥克大楼 Ⅱ 1F　电话：092-722-0222　客容量：16 座

盐曲、超细面包糠、面糊

盐曲购自大分县佐伯市的"糀屋本店",熟成一个月后使用。使用的是不加糖的面包糠,油炸时不易变焦。购买最细规格的面包糠。以小麦粉为基础制作面糊,静置一晚排出空气,面糊要尽可能调得薄些。

用盐曲激发出食材的美味

每一种食材,在裹上面糊或面包糠之前,都要先涂上一层盐曲糊。涂抹后,放置 10 ~ 15 分钟,等待食材吸收盐曲。这样做还可以给食材添加淡淡的咸味,起到调底味的作用。

稻米油 100%

使用的是 100% 的稻米油。稻米油很清爽,沥油也可以沥得很干净,客人不用担心油脂堆积在体内。该店将油温设定得较高,可达 190 ℃,这样油可以沥得更干净。油炸后一定要用吸油纸吸走多余的油,彻底排除油腻感。

佐料

与炸串一起上桌的还有 3 种佐料。第一种是制作炸串时也要用到的盐曲。第二种是香喷喷的芝麻盐。第三种是用橙汁制成的橙醋,调入天妇罗蘸汁,味道温和。

佐贺牛刺身

精选佐贺牛后腿肉的中心部位"牛臀肉"。咬上一口，隐藏在面衣下苏子叶的清香便萦绕在鼻尖。制作时在表面划上几刀，让半熟的牛肉更加易食。可以搭配特制酱汁，再配上山葵叶泥。特制酱汁由自制橙醋和伍斯特辣酱油混合而成。

1  牛肉裹上绿苏子叶碎。苏子叶切碎成 5 毫米左右的大小，以免干扰牛肉的口感。

4

油炸后沥油，最后淋上特制酱汁和苏子叶泥就完成了。

2  相比其他食材，牛肉的面糊要裹得稍厚一点。这样做一是为了锁住牛肉的水分，还有一点是考虑到加热过程中，想用食材本身的水分进行"蒸炸"，所以要多裹一些面糊。

3  对比柔软多汁的牛肉，面包糠可以给口感带来变化，所以要多抹一些面包糠。用面包糠将食材完全裹住，并用手掌轻轻揉压面包糠。

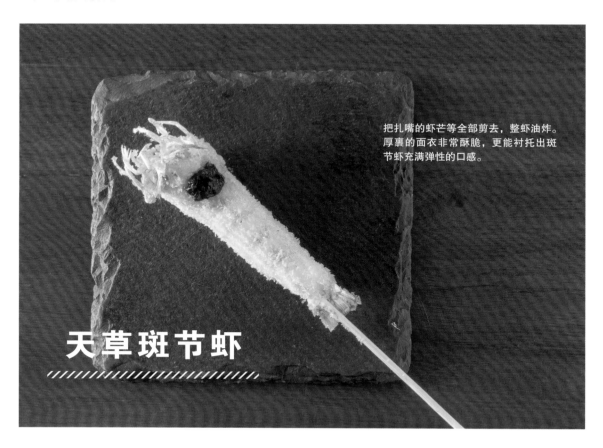

把扎嘴的虾芒等全部剪去，整虾油炸。厚裹的面衣非常酥脆，更能衬托出斑节虾充满弹性的口感。

天草斑节虾

1

表面光滑的食材面糊容易滑落，所以要裹两次面糊。裹上第一层面糊后，放在漏勺里，待表面稍稍干燥，再裹第二层，这样可以挂得比较均匀。

2

斑节虾还要裹上厚厚的面包糠。油炸时油温高达190 ℃，所以要严格控制时间，才能呈现完美口感。同时用厚厚的面包糠裹住虾，这样水分就不会丢失，保留虾肉的弹嫩。

3

虾头不容易熟，先放入油中炸5秒左右，然后将虾全部浸入油中。炸好后油炸的声音会发生变化，这时要快速将虾捞出。当食材温度大约达60 ℃时，它的口感，甜味和鲜味都在最好的状态。

4

石莼、生姜和粥混合加热，制成光滑的糊状，作为搭配斑节虾的专用酱汁。

长崎海鳗

用压碎的烤年糕干代替面包糠，是比较新颖的一道炸串。与面包糠的轻盈不同，年糕碎油炸后更加浓烈香脆。搭配梅干肉和紫苏花穗，口感清爽。烤好后的海鳗，鱼肉饱满鼓起，与松脆的外衣相得益彰。

1

按 2 毫米的宽度切碎海鳗的鱼骨。将鱼骨切得尽可能碎，口感会更好，但同时也会损失海鳗原本的味道。

2
抹上盐曲后沾上面粉，方便挂面糊。

3

面糊要裹得厚一些，但要尽量去除附在鱼皮一面的面糊。这样油炸时才能去除鱼皮的腥味和多余的水分，更香、更脆。

4

最外面一层炸衣用烤年糕碎来代替。年糕碎炸衣并不常见，所以在套餐之中也起到调整节奏的作用。制作时，同样也是鱼皮一面尽量不要沾到年糕碎。除了海鳗，制作康吉鳗和牡蛎时，也用烤年糕碎代替面包糠。

5

炸好之后，放上萝卜泥、橙汁打底的自制橙醋、不是很酸的梅干肉以及紫苏花穗，即可完成。

如果是新藕，就将莲藕切成厚片，炸好后用余热加热，使其具有粉糯的口感。如果是老藕，厚度减为 2/3，不需要用余热加热，这样油炸出来就是脆的。

佐贺县白石町藕

1

裹一层面糊。放入漏网中，沥去多余的面糊，同时也可以起到干燥表面的作用，方便裹面包糠。

2

莲藕的油炸时间较长，所以在用面包糠完全包裹好食材后，还要再撒上一些，使藕孔处也都能沾上面包糠。

3

和其他食材相比，莲藕需要炸到颜色较深后再捞出。如果是切得很厚的新莲藕，炸好捞出后需要用厨房纸、厨房布等包裹起来，保住热量，用余热继续加热。

水灵灵的白茄子和酥脆的面包糠，两种口感形成对比，直击食客的味蕾。最后淋上特制的醋味噌。醋味噌里使用了自制的甜米酒，味道温和。

唐津市七山白茄子

1

挂 2 次面糊后不留空白地裹上面包糠，这样面包糠才不易脱落。

2

裹上面包糠之后，给茄子朝上的一面再裹上一层面糊，之后再撒一层面包糠。这样一口咬下去，上表面是脆的，下表面则是茄子多汁的口感。

蒸鲍鱼

用昆布和清酒蒸鲍鱼，可以更好地发挥鲍鱼的海鲜风味。花时间蒸到位，鲍鱼肉非常柔软。很多客人就是冲着这道炸串一直光临这家店。

1

用昆布和清酒蒸煮鲍鱼，备用。鲍鱼对半切开，串上竹扦。蒸出的汤汁保存好，留着下一次蒸鲍鱼时使用。

2

面糊和面包糠裹得厚一些。鲍鱼预先蒸过，油炸时间可以稍短一些。

昆布渍熊本鲷鱼

鲷鱼是白肉鱼，味道比较清淡。用昆布包住，腌渍3天左右，增加鲜味。短时间快炸，实际上是利用鱼本身自带的水分半蒸半炸。炸好后鱼肉鼓起，口感鲜嫩饱满。最后配上梅干肉和紫苏花穗。

1

要腌大约3天，使昆布的鲜味更好地渗透进鲷鱼中。

2

鲷鱼裹上一层面糊后，放入漏网中略加干燥，再裹上一层面糊。多挂一些面糊，面包糠才能包裹均匀。

3

裹上足量面包糠后，用手将立着的面包糠压平。这一操作可以减少面包糠的吸油量，更好地展现食材的味道。因为鲷鱼的味道清淡，所以这一步非常重要。

煮牛蒡

///////////////////////////////

煮牛蒡时加入酱油和味醂，油炸后会散发出焦香。削去部分表皮，香气更加明显。牛蒡事先煮过，口感十分柔软。

1

煮制牛蒡时，用昆布高汤和日式清酒打底，加入少量味醂和酱油调味。煮好后放在汤汁中静置冷却，令食材入味，备用。

2

撒上面包糠。面包糠少撒一些，以能隐约看到牛蒡为标准。油炸时，渗入牛蒡中的酱油和味醂就能炸出淡淡的焦香味。

渍金枪鱼
大腹

///////////////////////////

入口即化的渍金枪鱼和脆脆的油炸年糕在口感上自然是对比强烈，同时两种食材一冷一热，之间的温度对比也很有趣。脆爽的苏子叶泥也给这道炸串增加了点缀。

1

油炸年糕。当年糕膨胀，周围出现细小的气泡时，即可捞出。

2
把渍金枪鱼放在油炸年糕上。酱油煮开，加入味醂、昆布，放入金枪鱼肉腌 3 天左右即可制成渍金枪鱼。

红薯

////////////////////////////

这道炸串是套餐中最后一道菜,属于甜点。制作时多使用熊本县出产的红薯,将11月收获的红薯埋在土中保存,以提高甜度。口感像甘薯一样又粉又绵。

1

红薯放入水中浸泡1小时左右,用锡纸包好,在烤箱中烤1~2小时。取出后静置1~2小时,红薯中的蜜就会渗出表面。处理好的红薯备用,准备油炸。

2

撒上面包糠,尽量裹得薄一些。面包糠会吸收红薯蜜,油炸之后焦糖化,口感香脆。

唐津无花果

尝试将无花果做成炸串，发现加热后也很美味。无花果很适合搭配香料，所以配上生姜。橙汁橙醋中调入天妇罗蘸汁，制成自制调味汁，也非常适合用来搭配无花果炸串。食材使用当季水果，夏天会改用葡萄，秋天用栗子。

1
使用新鲜无花果。去皮，切成两半，串上烤扦。

2
裹两层面糊，裹上足量面包糠。

3
最后配上姜蓉。生姜的香味和风味，可以衬托出无花果的味道。

山药

//////////

带皮的一面没有抹面包糠，是清炸的状态，香味很明显。油炸时不用炸透，可以享受到爽脆粉糯两种口感。完成油炸后用余热加热，更加美味。

1

山药带皮的一面不沾面糊，是制作这道炸串的一个小技巧。不抹面糊，当然也就沾不上面包糠。这样清炸带皮的一面，香味会更加明显。

2

切厚片，保留山药脆脆的口感。相应地，油炸的时间也更长。将山药从油中捞出后，用厨房纸、厨房布等裹住保温，用余热继续加热。加热到位的部分口感会比较粉糯。

唐津市七山甜豌豆

//

缩短油炸时间，不仅可以使豌豆的甜味更突出，豌豆原本的口感也可以得到很好的保留。将虾头炒干，磨成粉，加入盐拌匀，制成虾盐。撒一撮在炸好的甜豌豆上，即可完成。

1  甜豌豆表面光滑，面糊不易附着。所以挂过面糊后，放在漏网上稍稍晾干，再裹面包糠。

2  面包糠尽量薄一些，从上面撒一撒就可以了。以还能看到甜豌豆的表面为标准。

唐津甜长青椒

//////////////////////////////////

辣椒的一种，但辣度很低，甜度很高。面包糠裹得牢靠，咬一口十分酥脆。配上盐曲或芝麻盐，更能衬托出蔬菜的清甜。

1  因为豌豆表面比较光滑，所以挂过面糊后，先放在漏网上干燥 20 秒左右，这样面包糠更容易附着上。

2  面包糠裹得很薄，青椒蒂附近是清炸的状态。那个部分虽然不是不能吃，但是比较辣。采用清炸的方式，让客人避开不吃。

长崎
嫩玉米

////////////////////////////

充分发挥蔬菜自然的甜味。玉米不易炸熟，所以面包糠要裹得厚一些，然后用食材自带的水分来炸。要想做出软硬适中、恰到好处的口感，需要根据油炸时的声音、气泡的大小来进行判断。

1  拖过面糊后，均匀地裹上厚厚的面包糠。嫩玉米虽说比普通的玉米要嫩，但还是要防止水分逸出，才能炸透，所以面包糠要厚一些。

2  捞出，对半剖开。虾头炒干，磨成粉，加入盐拌匀，制成虾盐。撒一撮在炸好的嫩玉米上。

厨师在柜台后油炸，提供新鲜出锅的炸串。红酒酒吧风格的精致装修，与很多炸串店相区别。

法式炸串

大阪·梅田
BEIGNET

在炸串的大本营——大阪，
挑战新业态的法式炸串专门店

　　在炸串的发源地——大阪，"BEIGNET"推出了一种名为"法式炸串"的新式炸串，引起了热议。"BEIGNET"在法语中的意思就是"裹上面糊油炸或带馅的炸糕"。该店炸串的特点在于面衣十分柔软轻盈，与天妇罗的面衣相似却又不同。在拖过面糊的食材上撒上坚果，亦或是在面糊中加入海菜，将法餐的技术应用于食材处理和调味酱的制作之中。刚出锅串和酱汁一起盛在小盘子里，遵循法餐的习惯，讲究造型与色彩搭配，端上桌时便让人眼前一亮，这就是"BEIGNET"炸串的妙趣所在。店内仅提供以小食和冷盘打头的套餐。午餐套餐有两种（均含 5 串炸串），晚餐套餐 7 串炸串。晚餐时，由侍酒师挑选的葡萄酒搭配套餐很受欢迎。餐厅以白色和自然棕为主色彩，环境优雅。吧台可谓特等席，可以看到食材的烹饪过程，还能享受与厨师的对话。十分适合女性顾客，也是谈生意招待客人的好选择。

店铺信息 地址：大阪府大阪市北区芝田 2-5-6 新共荣大楼 1F　电话：06-6292-2626　客容量：24 座

调制面糊

1. 基础面糊。由于加入了富含空气的打发蛋白，油炸后口感十分蓬松。因为蛋白会消泡，所以需要做好后立即使用，在一个小时内用完。

2. 碗中放入蛋黄 1 个、低筋粉 70 克、玉米淀粉 20 克、啤酒 90 克、盐，混合。在此基础上加入一个鸡蛋量的打发蛋清（此处提供的是方便制作的量）。打发好的蛋清一定要最后放入。

3. 用刮铲沿着碗底捞起拌匀，搅拌时注意尽量不要破坏气泡。拌匀到九成左右即可。

调底味→挂面糊→油炸(例：沙丁鱼)

1. 有的食材需要撒上一撮盐来调底味。

2. 面糊本来就容易消泡，如果直接放入食材的话会消泡消得更快，所以再准备一个碗将面糊分出来使用。

3. 沙丁鱼等有腥味的食材，面糊要裹得薄一些，可以炸得更香。

"Dr.fry"牌炸锅

Evertron 株式会社生产的"Dr. Fry"牌炸锅，通过物理控制水分子来提高口感和风味。使用该炸锅，食材吸油量可以平均减少50%，使炸串更加清爽健康。该店使用菜籽油，180 ℃油炸。

沙丁鱼

将沙丁鱼按波浪形穿入烤扦油炸，
配上醋腌红洋葱和香菜嫩叶，做成
地中海油醋鱼（escabeche）风味。
该店的炸串食材会随着季节而变化，
一个半月会有一次小的调整。

因为面衣很薄，所以炸得很香，也几乎不会有
什么鱼腥味。根据颜色和触感来判断油炸程度。

龙虾

炸串下面铺上加入龙蒿的蛋黄
酱，上面撒干虾壳粉。侧面裹上
中东炸粉（kadaif），口感酥脆，
更能带出龙虾的香味。

将龙虾的3个部位（钳、爪、
尾巴）的肉串在一起。

1 中东炸粉（一种由小麦或
玉米制成的丝状面条）是
一种常被用来提升口感的
食材。

2 在一面龙虾肉上裹上中东
炸粉。

3 从带炸粉的一面开始油
炸，防止挂在面糊上的炸
粉软塌。

海螺蘑菇

////////////////////////////////

用火葱和勃艮第黄油炒制海螺，塞入去柄的白蘑菇中，然后油炸。因为已经预先调好味，不用佐料，直接食用即可。

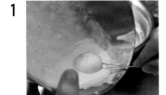

1 只在朝外一侧的海螺肉上裹上面糊。

2 有面糊的一面先油炸，将食材炸熟。

3 翻过来再炸。

日本方头鱼

////////////////////////////////

"方头鱼炸串"下铺上臼井豌豆泥，再配上薄荷叶。鱼鳞清炸后脆脆的口感令人愉悦，和软嫩的鱼肉形成对比。

1 方头鱼肉裹上面糊。鳞片不裹面糊，清炸。

2 先炸鱼鳞。

3 炸至鳞片酥脆立起即可。

毛豆虾饼

炸串下面铺上用橙汁和小牛高汤制成的碧加拉地酱。考虑到与橙味的搭配，上面放上孜然风味的法式凉拌胡萝卜丝和海胆。食材搭配新颖，味道绝妙。

单面撒上烤杏仁片，可以增加香味。

将白身鱼肉泥、虾肉泥和打发蛋清混合，制成肉馅。再加入虾仁和毛豆，蒸熟。

鲍鱼

鲍鱼蒸 2 小时，和鲍鱼肝串在一起。再搭配用鲍鱼肝和红酒制成的酱汁，配上新生姜做成的西式泡菜和葱芽。

面糊里加入海菜。

天使虾

///////////////////////

将天使虾头烤脆，煮高汤，刷在炸串上。淋上用北国赤虾（甜虾）和罗勒叶做成的塔塔酱，最后配上覆盆子和罗勒作为点缀。虾、香草、浆果和坚果，香味和谐，令人回味。

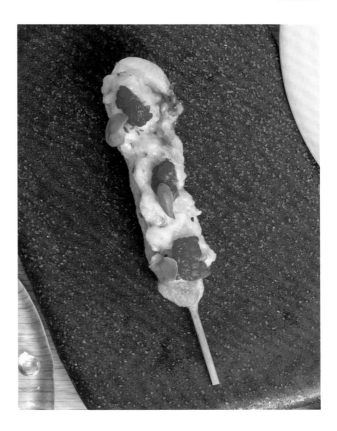

给整只虾均匀裹上面糊，单面撒上烤核桃碎。

核桃有调节风味和口感的作用。

康吉鳗

//////////////////

康吉鳗卷成团，串起来，这样口感更厚实。装饰上圆茄子片。圆茄子事先用意大利白葡萄醋（balsamico）腌制。最后配上煮稠的白葡萄醋。

海鳗

////////////

鲜嫩的海鳗，裹上中东炸粉点缀口感，做成炸串。上面放上切碎的蘘荷、马萝卜（辣根）泥、绿苏子叶，再配上白葡萄酒和牛奶打发成的白葡萄酒酱（sauce vin blanc）。

红金眼鲷

///////////////////

金眼鲷煮出高汤并勾芡，淋在炸好的金眼鲷上，再撒上山椒芽。芡汁是在鱼高汤中加入螃蟹和冬瓜制成的。

生火腿卷
白芦笋

用生火腿、温泉蛋、生奶油、奶酪做成"蛋黄酱（carbonara）"，以及帕尔玛奶酪，来搭配白芦笋，是集结了意大利特色食材的一道菜。

1 给包裹住白芦笋的生火腿挂上面糊。

2 从裹有面糊的部分开始油炸。

3 白芦笋的上半部分是清炸的，所以炸得很脆。下半部分裹上了生火腿和面糊，很好地保留了食材的水分。

原木香菇
酿肉

1 整体挂上面糊后，在肉泥的表面裹上面包糠。

2 从有面包糠的一面开始油炸，之后翻面再炸。

肉丸部分裹上面包糠，吃起来像炸猪排一样，让人倍感亲切。面包糠带来的脆脆的口感，配上圆圆的外形，十分有趣。

洋葱炒甜，拌入肉泥中，填满原木香菇的伞盖。

大山鸡

//////////////

上菜的时候对半切开。上面浇上小牛高汤制成的酱汁，下面铺上红椒酱（piperade sauce）。放上切碎的西班牙辣味香肠和陆生水芹，最后擦上帕尔玛奶酪即可。肉类炸串会在套餐的后半程提供。

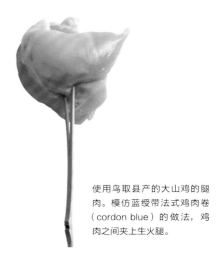

使用鸟取县产的大山鸡的腿肉。模仿蓝绶带法式鸡肉卷（cordon blue）的做法，鸡肉之间夹上生火腿。

罗西尼

//////////////

鹅肝和松露组合而成的料理称作罗西尼。烤得脆脆的面包，夹上牛肉鹅肝松露酱、熟透的苹果芒、油封鹅肝、油炸牛腿肉。

红酒炖章鱼

///

这道炸串以大阪的特色小吃章鱼烧为主题。用红酒炖煮章鱼，剩下的汤底熬稠，作为酱汁备用。面糊中放入蛋黄酱。用欧芹碎代替章鱼烧上的海苔粉。"让客人开心，惊喜！"这道炸串中饱含了主厨这样的心意。

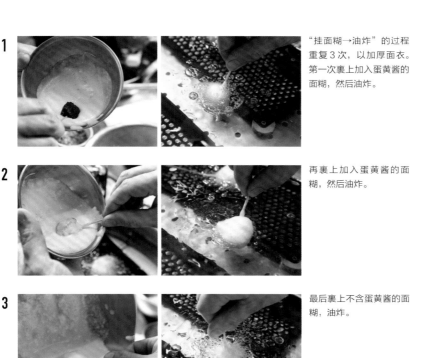

1

2

3

"挂面糊→油炸"的过程重复3次，以加厚面衣。第一次裹上加入蛋黄酱的面糊，然后油炸。

再裹上加入蛋黄酱的面糊，然后油炸。

最后裹上不含蛋黄酱的面糊，油炸。

创意炸串

大阪·北新地
again

优质食材制作，
经典炸串和创意炸串轮番登场抓住食客的胃

店主迫田大介曾在炸串名店"川与山"（现已闭店）工作，他邀请了同事仲村渠祥之，于 2014 年开始经营该店。2016 年、2017 年连续两年获得米其林一星餐厅称号，势头相当强劲。店主迫田大介白天在大阪市中央批发市场的水产店工作，通过不断学习，提高了对食材的鉴别力。可以直接采购到新鲜的海鲜是该店的一大优势，所以该店的特色就是海鲜炸串。只提供厨师推荐套餐，20 种当季蔬菜做成的沙拉、15 道炸串和主食的茶泡饭，共 17 道菜组成。炸串先从斑节虾、牛肉等开始，可以品尝到优质食材的原本味道。之后是别出心裁的创意炸串，如"沙丁鱼果冻"。沙丁鱼油炸，放上柠檬味的果冻。余热使果冻慢慢融化，仿佛一场梦幻的表演，给人留下极深刻的印象。最后的主食一般是米饭类，如"烤香鱼寿司""荷包蛋汉堡肉咖喱饭"等。这样的精心安排，不禁让人一直心动不已，期待下一道菜的登场。

店铺信息 地址：大阪府大阪市北区曾根崎新地 1-5-7 梅钵大楼 3F 电话：06-6346-0020 客容量：15 座

面糊尽可能薄，
鱼、肉使用不同的面包糠

制作面糊只使用面粉和水。裹上足量面糊后放在漏网上，彻底去除多余的面糊，这样才能充分发挥食材的味道和口感。

味道清淡的鱼类使用细面包糠；肉类用粗一些的面包糠。

棉籽油和芝麻油混合用来油炸，锅是特制的特大雪平锅。

大部分的炸串都经过调味，但同时也提供佐料，如酱油、五岛列岛产的盐和自制酱汁，客人可以根据自己的喜好进一步调味。将刚出锅的炸串放在推荐的酱汁前。

鲜活斑节虾

这道菜是"again"的招牌菜。"即使成本高，也要用活虾。对我们来说这是开炸串店的最低限度的要求。"可见店家对优质食材的执着。推荐搭配盐或酸橘汁来品尝。

溏心鹌鹑蛋

这是"again"的第二个招牌菜。鹌鹑蛋虽然是不起眼的食材，但是制作手法非常讲究。严格规定炸制时间为1分52秒，这样蛋黄的流动性才能达标。

果冻沙丁鱼

沙丁鱼油炸，放上柠檬果冻片。果冻在沙丁鱼的余热下融化，柑橘风味带来清爽口感。撒上菊花花瓣，果冻慢慢融化，如梦似幻，这道菜也被称为"again 流·夏季风情"。

烤海鳗配芜菁酱

"again"擅长烹调海鲜食材，这一道可以称得上是看家菜。品质优良、宰杀方法得当的海鳗，通过年轻厨师的创意得到新生。芜菁油炸后用菜刀剁成泥，但也要保留一定的口感，用来搭配海鳗。

将日本料理与串串结合。鰤鱼油炸会略显干柴，所以将鱼肉放入味道醇厚的日式高汤，做成芡汁。萝卜事先只需用鲣鱼花和昆布调一下底味，这样和汤汁一起品尝时味道就正好。

鰤鱼萝卜

/////////////////////////

芜菁鱼仔

/////////////////////////

芜菁油炸后口感独特，裹上小鱼仔一起油炸，颇为新颖。用昆布调味后裹上细面包糠，使表面变得粗糙，之后再挂上面糊，这样小鱼仔就不易脱落了。

创意碗物炸串

套餐中串串的出场顺序与传统日本料理出菜的顺序一一对应。这道串串对应的是日本料理中的"碗物"。特制了边缘有缺口的碗，这样炸串可以架在上面。使用当天进货的新鲜鱼类进行炸制，搭配高汤和时令蔬菜（图片为金眼鲷）。

玉米配海葡萄、飞鱼子和鱼子酱

玉米油炸，配上海葡萄、飞鱼子和鱼子酱。搭配的 3 种食材，咬下去在口中爆开，十分有趣，是套餐中的亮点之一。

鲜活小香鱼

在烹饪之前，向客人展示鱼缸里的小香鱼，表明食材新鲜。

将活蹦乱跳的香鱼整只油炸。因为新鲜，可以感受到鱼肉在口中瓣瓣脱落。菜品的造型也给人留下深刻的印象。

鲣鱼配油炸什锦香草

在米其林美食节上我们出品了用金枪鱼做成的"海鲜油炸什锦盖饭"，这便是那道菜的小份量版本。这道菜充满创意，将绿苏叶、蘘荷等香草混合制成炸什锦，搭配拍松鲣鱼。

三文鱼配鱼子

最高品质的三文鱼加上三文鱼子，直接油炸做成炸串。挂面糊时注意不要使鱼子掉下来，之后慢慢浸入油中。油炸时间控制在 20 ~ 30 秒，使食材接近生食的口感。

中东炸粉油鲊卷

还有什么样的食材可以扩大炸串的可能性？在寻找答案过程中，映入眼中的是这种名叫卡戴夫（kadaif）的短面。不同于面包糠，它的口感轻脆，十分独特，很适合用来搭配油鲊。夏天时，还会加上长蒴黄麻、秋葵、菠菜制成的黏黏的酱汁。

松 露 土 豆

套餐里一共有 15 根串，松露土豆这一道处在主菜的位置。在土豆泥中加入黑松露，中心包入黄油。油炸出锅后配上白松露盐。芳香的松露加上醇厚的黄油，绝妙的搭配熠熠生辉。

"again"擅长处理水产类食材，这是另一种使用小香鱼制作的串串。香鱼去掉脊梁骨和内脏，填上醋饭，烤后再炸，就制成了滋味丰富、香味浓郁的变种寿司。这种创意，连老饕也为之折服。

烤香鱼寿司

荷包蛋咖喱汉堡肉

与烤香鱼寿司一起荣获"炸串大奖赛"冠军的人气菜品。用肉馅包住米饭，油炸，搭配自制咖喱食用。仿佛是一口大小的咖喱汉堡肉，尤其受到女性顾客的好评。

蔬菜肉卷烤串

大阪·难波

蔬菜卷串　鸣门屋

追求肉和蔬菜的平衡，
通过菜品带来视觉享受

　　蔬菜肉卷烤串在福冈的博多地区非常流行，"鸣门屋"将其推广到了大阪。以蔬菜为主角，外面卷上五花肉，有 20 多个品种供客人选择。母公司是以大阪府为据点的"炭火烧鸟 Enya"，母公司充分利用已获得的烤串制作经验，经过一年的准备，于 2017 年 8 月开设本店，踏入了新的领域。

　　只要是市场上售卖的蔬菜，都买回来试做，以"搭配上肉卷风味更好""颜值高"等为条件，进行筛选。准备了 3 种五花肉片，厚度分别为 1 毫米、1.7 毫米、2.3 毫米，方便在味道和外观上进行调整。据说即使是 1 毫米以下的差别，给食客的感觉也是完全不同的。

　　"鸣门屋"并不只是简单地将蔬菜卷进猪肉中，而是精心搭配食材，再加上特色酱汁，最终让味道脱颖而出。高颜值的菜品也受到年轻女性的好评，开业不到一年的时间，就成长为需要预约排位的人气店铺。

店铺信息	地址：大阪府大阪市中央区难波千日前 7-11 千田东大楼 1F　电话：06-6644-0069　客容量：36 座

只准备当天使用的食材，
保证新鲜度和口感

考虑到蔬菜和猪肉的新鲜度与口感，在开门营业前，工作人员全员出动，将当天要用的食材串好。基本是将3片五花肉排在一起，从右开始依次卷起，效率很高。肉卷中塞满蔬菜，吃起来更方便，口感也与五花肉融为一体。

卷好后切开，只挑选断面漂亮的肉卷串成烤串。和串鸡肉串一样，需要注意调整食材在竹扦上的平衡，竹扦上部的食材要比下面的更宽一些。从这一点可以看出，店家充分发挥了积累的烧烤技术。

店内有两桌柜台席，靠里面那一桌的中央设置了食材陈列柜。不仅展示了蔬菜肉卷的种类，也让客人欣赏到了食材的美丽。

店里使用的是火力出众、不易冒烟的"肥后"牌电热式烤架。烧烤过程中，充分利用了在鸡肉烤串店摸索出的"烤"技。反复翻面，使猪肉多汁、蔬菜爽脆。

木盆装食材让人眼前一亮，
社交软件传播带来人气

"开朗有活力"是该店接待客人的宗旨，店员也多是 20 多岁的年轻人。创意满满的蔬菜肉卷串，光看菜单很难想象成品的样子，所以点餐时将所有种类放入木盆中，展现在客人面前。不少年轻女性顾客都会拍照留念。

生菜

这是九成以上的客人会点的人气单品。生菜卷得很紧凑，看起来像千层派一样，口感极佳。蘸上醋胡椒，味道清爽。

五花肉、生菜

+

醋胡椒

韭菜奶酪

////////////

奶酪和韭菜的搭配非常少见，但口味却又是意外的好，给人带来双重惊喜。考虑到食材搭配的平衡，使用的是厚度为2～3毫米的猪肉片。

五花肉、韭菜、奶酪

+

鸡肉烤串酱汁

香菜

////////////

猪肉卷起满满的香菜，烤好后再撒上大量的香菜。配上酸橙和盐，口感清爽。

五花肉、香菜

+

酸橙、盐

茼蒿

////////////

猪肉卷上茼蒿，中间再串上一节葱白。烤熟后蘸上寿喜烧风味的酱汁，裹上蛋黄品尝。一根烤串就可让人享受寿喜烧的美味，可谓创意十足。

五花肉、茼蒿、葱白

+

鸡肉烤串酱汁、蛋黄

马苏里拉蔬菜卷

用薄薄的西葫芦片卷上马苏里拉奶酪，淋上热那亚酱调味。中间串上小小的圣女果，带来意大利风味。

西葫芦、马苏里拉奶酪、圣女果

+

热那亚罗勒酱

豆苗

豆苗带着淡淡的豆香和甜味，受到食客们的欢迎。配上芝麻酱和辣椒油，可以掩盖豆苗的青味。

五花肉、豆苗

+

芝麻酱、辣椒油

茄子

使用时令蔬菜等季节性商品制作烤串，给菜单带来变化。为了支持地产地销，夏天提供的是皮和果肉都是十分柔软的大阪茄子。

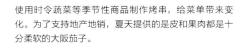

五花肉、大阪茄子

+

高汤醋

荷兰豆

///////////

将7片大小几乎相同的荷兰豆叠在一起切开，断面整齐，爽脆的口感也非常有趣。荷兰豆容易烤出水，所以调味时多撒一些盐。

五花肉、荷兰豆

+

盐

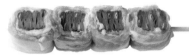

金针菇

///////////

将金针菇绑成一把，用猪肉卷成细长条。切成2段，方便食用。卷的时候稍稍露出菇伞部分。只用盐简单调味。

五花肉、金针菇

+

盐

小葱

///////////

塞满小葱的肉卷断面令人印象深刻。卷上猪肉再烤制，葱味就会消失，只留下蔬菜的鲜甜味，即使是不吃葱的人也不会拒绝。

五花肉、葱

+

盐或烤酱

奶酪培根

考虑到和卡芒贝尔奶酪的搭配，这道串用培根代替了鲜猪肉。含进嘴中，瞬间奶酪就会融化。撒上黑胡椒，成为恰到好处的点缀。

培根、卡芒贝尔奶酪

+

黑胡椒、欧芹

半熟鸡蛋培根

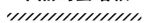

将半熟煮鸡蛋用培根卷起，串上两根竹扦，烤好后对半切开，黄灿灿的蛋黄引人食欲。对半切开，除了看起来更加美味，吃起来也更方便。

培根、半熟水煮蛋

+

盐、黑胡椒、欧芹

嫩玉米

用苏子叶和猪肉卷起嫩玉米，口感爽脆独特。上菜时配上梅干肉，点缀上苏子叶，味道和谐统一。

五花肉，嫩玉米，苏子叶

+

梅干肉

[鸣门屋原创]

肉酱咖喱

杂粮米捏成饭团，串上竹扦，盖上8种香料配合而成的肉酱咖喱，最后配上菜叶代替沙拉。

杂粮米

+

咖喱、辣椒粉

炒面

猪肉卷上炒面烤制而成的独特串品。最后用炒面酱、蛋黄酱、红姜调味，一口大小的炒面就完成了。

五花肉、炒面

+

酱汁、蛋黄酱、红生姜、海苔粉

[烤鸡肉串]

自制鸡肉饼

///////////////

在鸡肉泥中加入少量猪肉、蔬菜、苹果，制成原创鸡肉饼。汁水丰盈，味道鲜美。调味可选择盐或酱汁。

鸡脖子肉

///////////

鸡脖子周围的肉，口感十分软嫩。配上切成细丝的苏子叶和柚子胡椒一起烧烤，最后用橙醋调味。苏子叶的香味和鲜甜的鸡肉很配。

鸡肫

///////

这道串因其独特的口感而拥有众多拥趸。搭配西芹和尖椒，口味和香味都更上一层楼。

创意炸串

京都 · 河原町
Kotetsu

这家小巷深处的炸串专卖店，
擅长使用应季食材制作创意炸串，备受好评

　　"Kotetsu"开设于2012年，母公司是在京都·四条一带经营鸡肉烤串店和烧烤店的株式会社卓袱家。卓袱家的小山利行代表说："炸串以应季的鱼贝和蔬菜为食材进行制作，在这一点上它比烤串更有魅力。我们想提供的不是用来下酒，而是作为料理来享用的炸串。"因此，"Kotetsu"在食材搭配和蘸料等方面下功夫，根据炸串的种类各自准备了专用的酱和蘸汁，可以窥见专营店的用心。为了解决炸串容易积食的问题，店家在研究面糊配比的同时，严选面包糠的种类，力求将炸串做得更清淡。此外，沥油要沥得十分干净，做到放在吸油纸上也不怎么留下油渍，这也是小山先生口中的"重要工序"。尝过该店炸串，客人们好评连连，表示"清淡易入口"，而且"一串一串吃得停不下来"。烤串种类很多，有12种时令食材，14种经典食材。大多数客人入店后都会选择厨师推荐套餐。包含5根炸串，还有10根炸串的套餐。顾客年龄分布广泛，从10岁到70岁的当地居民都会光临，只有11个吧台座位的小店总是一派繁忙的景象。

店铺信息　　地址：京都府京都市下京区船头町232-2　　电话：075-371-5883　　客容量：11座

挂上薄面糊，猪油油炸

1

使用西葫芦、洋葱等表面光滑的食材制作炸串时，首先要调上底味，稍微放置一段时间，待其出水后再裹上低筋粉。这样处理之后更容易挂上糊。

食材调底味，均匀地裹上低筋粉，并掸去多余的粉。除了味道较重的食材之外，其余食材大多都用清酒和盐调制底味。

2

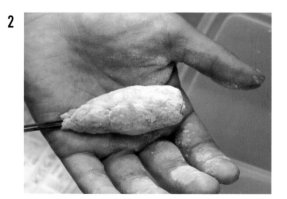

挂面糊之前，调整一下食材的形状。

4

面糊是由小麦粉、水和鸡蛋制成的，我们精心调配了比例，保证面糊口感清爽。

3

裹上足量的细面包糠，掸掉多余的面包糠。

5

用约175℃的猪油油炸，味道更香。

将油甩净

6

通过转动竹扦等方式将油去除干净。这一步骤会对食材的熟度产生很大影响。

用木制盛器装盘

将炸串盛在木制盛器上。与用碟子盛相比，清洗工作更少。这也是小店铺独有的智慧。

凉厨油炸机

株式会社丸善与大阪煤气共同开发制作的"凉厨油炸机"，店里使用的是小型紧凑版本。宽40厘米，深51厘米，高40厘米（外形尺寸），对于面积只有16平方米的小店来说十分实用。油炸锅的容量为12升，一次可以炸15～20串。

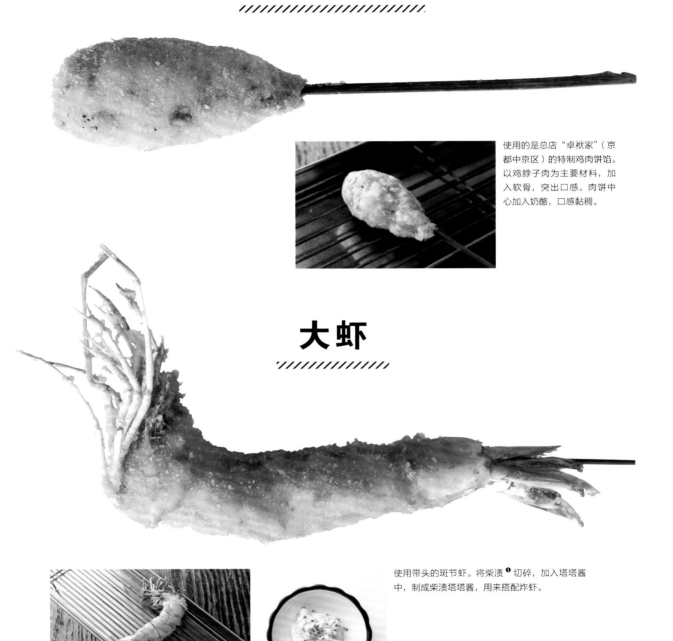

经典菜品

特制鸡肉饼

使用的是总店"卓袱家"（京都中京区）的特制鸡肉饼馅。以鸡脖子肉为主要材料，加入软骨，突出口感。肉饼中心加入奶酪，口感黏稠。

大虾

使用带头的斑节虾。将柴渍❶切碎，加入塔塔酱中，制成柴渍塔塔酱，用来搭配炸虾。

❶ 指酸渍茄子。传统做法是加入青椒、紫苏、黄瓜，一同乳酸发酵而成，现在也有用醋和盐腌渍生产的。——译者注

自制酱汁和昆布盐

所有的食材几乎都经过调味，可以直接品尝。但餐桌上也准备了自制酱汁和昆布盐供客人自行搭配。自制酱汁中加入了欧式黄芥末和咖喱粉提味。

蓝纹奶酪可乐饼

土豆泥中加入凤尾鱼和蓝纹奶酪，串成串。蜂蜜里加点盐，用作佐料。

扇贝

炸好出锅后，放上一点黄油，挤上柠檬汁。

猪里脊

/////////////

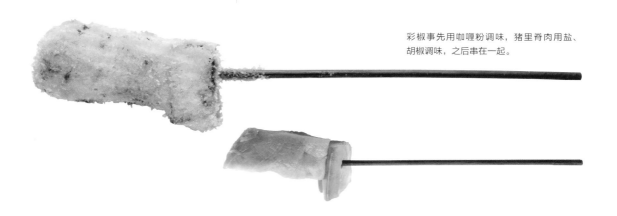

彩椒事先用咖喱粉调味，猪里脊肉用盐、胡椒调味，之后串在一起。

和牛横膈膜

/////////////////////////

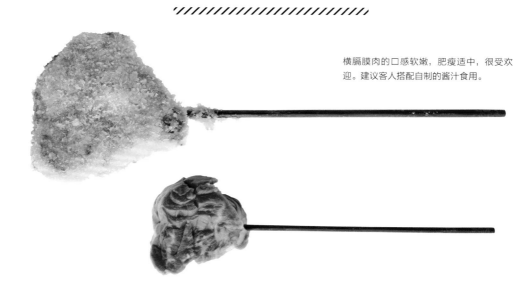

横膈膜肉的口感软嫩，肥瘦适中，很受欢迎。建议客人搭配自制的酱汁食用。

季 节 菜 品

拍松鲣鱼

使用新鲜的鲣鱼，制成拍松鲣鱼，再油炸。鲣鱼炙烤后，香味更为浓郁。橙醋中加入大量萝卜泥和生姜泥，搭配食用。

梅肉海鳗

海鳗是京都的夏季特色食材，因此在夏季限定的炸串中点单率特别高。炸好出锅后，放上梅肉和绿苏子叶。

小香鱼

//////////////

初夏在滋贺县琵琶湖收获的小香鱼。将刚上岸的新鲜小香鱼做成炸串，最后撒上山椒粉。

鳝鱼紫苏卷

///////////////////////////////

鳝鱼是夏天的当季鱼，因为其味道清淡，所以卷上紫苏油炸，以便提升味道。最后撒上山椒粉。

海鲈

鲈鱼炸好后，放上柴渍塔塔酱，撒上欧芹。清淡的鲈鱼肉与柴渍塔塔酱很搭配。

毛豆鱼糕

将鱼肉泥与毛豆泥混合，做成鱼糕，再油炸。因加入了少许蛋清，所以口感很轻盈。搭配日式清汤一起品尝，汤中加入了蘘荷、鸭儿芹。

西葫芦肉酱奶酪

/////////////////////////////////

西葫芦油炸，放上肉酱和奶酪，用火焰枪炙烤。最后撒上奶酪粉、辣椒粉、欧芹粉。

淘金热

//////////////////////

"淘金热"是近年非常热门的玉米品种，皮薄味甜。炸好后撒上粗盐和欧芹，再放上一点黄油，即烤制完成。

褐菇

/////////////

褐菇肉质厚实，可以让人充分享受
其口感。炸好后撒上足量的奶酪粉
和欧芹碎。

无花果

/////////////////

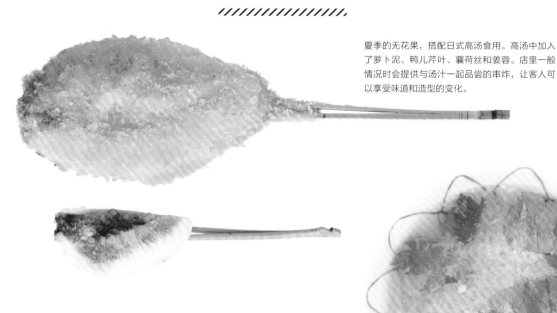

夏季的无花果，搭配日式高汤食用。高汤中加入
了萝卜泥、鸭儿芹叶、蘘荷丝和姜蓉。店里一般
情况时会提供与汤汁一起品尝的串炸，让客人可
以享受味道和造型的变化。

洋风炸串

爱知·名古屋
炸物酒吧　Ma Maison

牛油果肉卷配
藏红花酱

将牛油果竖切成 12 等份，裹上五花肉片油炸。浓郁的鲜奶油点缀上藏红花，拥有了独特的香味和鲜艳的黄色。

牛油果加热后，口感会变得十分细腻顺滑。

炸牛排配马萝卜奶油酱

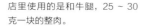

油炸后的牛肉，中心是半熟的状态。烹调手法十分简单，保留住和牛纯粹的美味。醇厚的鲜奶油中加入辛辣的马萝卜，更衬托出牛肉的鲜美。

店里使用的是和牛腿，25 ~ 30 克一块的整肉。

牛肉外部炸熟，中心部分保持半熟的状态。

青椒酿肉配红酒芥末酱

青椒对半切开，满满填入特制肉馅。同集团的炸猪排店使用的也是这种特制肉馅。

小牛高汤中放入红酒，一同熬制，加入欧式颗粒芥末酱，制成酱汁。最后将炸好的青椒酿肉放在酱汁上即可。炸串配以味道醇厚的酱汁，非常适合搭配葡萄酒食用。

葱白肉卷配山葵橙醋酱

5厘米长的葱段卷上五花肉，3个并排串在串上。

葱白卷上五花肉片油炸，搭配山葵泥和橙醋熬制而成的酱汁，是一道日式风情的炸串。在众多西式炸串之中，加入日式味道，让人眼前一亮。

葱白加热后会更加甘甜。

奶酪三文鱼配香草奶油酱

使用的是可以生食的高品质三文鱼。

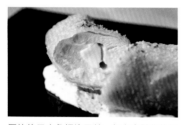

厚块的三文鱼切连刀片，包上会融化的奶酪，做成炸串。以鲜奶油和白葡萄酒为基础，加入用于搭配鱼类的莳萝和龙蒿等香草，熬成酱汁，增加食材的风味和香气。

紫苏虾卷配杏子蛋黄酱

绿苏子叶裹虾，盘成圆形，两尾虾串成一串。

我们在这里略加改造中式料理中常常出现的蛋黄酱虾，做成炸串。裹上苏子叶的炸虾，味道清爽。配上杏子、蛋黄酱、枫叶糖浆混合而成的甜味酱汁，味道非常有整体感。

圣女果火腿卷
配罗勒酱

炸串中融入了多种意大利元素。罗勒叶切碎，和初级特榨橄榄油混合制成酱汁，再放上炸好的圣女果火腿卷，最后撒上奶酪粉即可。

用生火腿包上圣女果，3个并排串在串上。

鸭葱配葡萄醋
柚子胡椒

将鸭肉和葱白串在一起油炸，搭配的酱汁中使用了葡萄醋和柚子胡椒，可谓东西结合。葡萄醋熬煮后，酸味醇厚温和，加上柚子胡椒的香味，既能祛除鸭腥味，又能勾起食欲。

一块鸭肉大小为 1 ～ 10 克，
与葱白交替串在串上。

奶酪猪排
配红酒芥末酱

同品牌的猪排店每天要卖出 3000 个的炸肉饼，该店将其改造成了炸串，在特制肉馅中包上奶酪，一起油炸，最后撒上奶酪粉和欧芹碎。酱汁和青椒酿肉中使用的一样，红酒与小牛高汤一同熬制，加入欧式粒芥末酱制成，打造出高品质的味道。

奶酪融化，从多汁的肉饼中缓缓流出。

这通炸串使用的是精心配比的特制肉馅。

天妇罗炸串

东京·新宿

天妇罗炸串　山本家

086

以"能喝酒的天妇罗店"为理念！
凭借变化多端的天妇罗炸串赢得顾客的心

　　作为"串天　山本家"（东京·赤坂）的姐妹店，"天妇罗炸串　山本家"于 2017 年 6 月在东京·新宿御苑开业。该店的理念是打造"能喝酒的天妇罗店"。该店的经营方——株式会社"干劲"的山本高史社长说："我们的目标是开一家可以日常食用，一个星期怎么也想去一次的新式天妇罗店。"作为下酒菜的"天妇罗串"，首先不能让客人腻住吃不下，所以该店研究出了口感轻、薄、脆的面衣，可以让人连吃好几串。天妇罗一般需要搭配调味汁或盐，但该店每一根"天妇罗串"都精心设计了口味，让人百吃不厌。食材选择则以山本社长的家乡——德岛产的蔬菜为主，使用当季食材吸引顾客。店里种类丰富的"天妇罗串"，由山本社长的夫人、该公司的副总裁山本志穗负责开发，其美味吸引了众多回头客，使其成长为面积约 83 平方米、月销售额 600 万日元（人民币约 32 万元）的热门店铺。

| **店铺信息** | 地址：东京都新宿区新宿 1-2-6 御苑花忠大楼 1F　电话：03-6709-8478　客容量：83 平方米 /46 座 |

鲜香菇

将香菇的伞盖和柄分开,一起串在竹扦上,可以同时享受到香菇的香味和口感。1根串上用2个香菇,一个撒上盐,放上柠檬。另一个用高汤酱油和大蒜黄油酱油调味,放上酸橘。

圆形炸锅和100%菜籽油

用圆形炸锅油炸"天妇罗串",使用的是100%的菜籽油,油温控制在175～180℃,根据食材调整油炸时间。一共有2个炸锅,另一个炸锅用来炸会掉色的食材,比如虾。

加入浓苏打水,制作松脆面衣

面糊的一大特点是加入了浓苏打水,这样面衣炸出来会更加酥脆。面糊在冷却状态下使用,这样做也可以让面衣更酥脆。

天妇罗炸串　山本家

1

制作"天妇罗串"时，都要先给食材扑上面粉，再裹面糊。扑面粉的工序可以使面糊裹得更加牢固，即使是很薄的面糊也不易剥落。食材整体撒上并掸去多余的面粉，之后裹上面糊。

2

面衣追求的就是一个"薄"字。面糊并不厚，是流动状态的，水分较多，可以薄薄的一层挂在食材上。沥去聚集在香菇伞盖背面的面糊。

3

油炸时，首先将香菇伞盖的背面（带柄的一面）朝下。这样可以将伞背"封住"，防止鲜味成分逸出。翻面继续油炸至完成。

4

在香菇伞盖背面进行调味。给一个香菇撒上盐，放上柠檬。

5

另一个香菇用高汤酱油调味。用喷雾器喷上高汤酱油，这样炸得脆脆的面衣就不会变软了。喷上高汤酱油后，再喷上自制的大蒜黄油酱油，最后放上德岛产的酸橘。

油豆腐酿乌贼

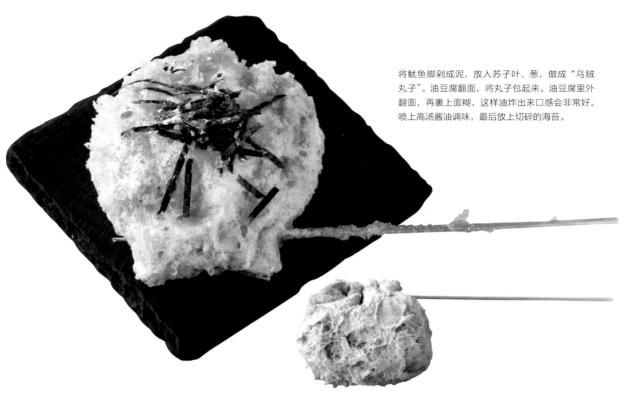

将鱿鱼脚剁成泥，放入苏子叶、葱，做成"乌贼丸子"。油豆腐翻面，将丸子包起来。油豆腐里外翻面，再裹上面糊，这样油炸出来口感会非常好。喷上高汤酱油调味，最后放上切碎的海苔。

直接将"乌贼丸子"裹上面糊油炸，会损失很多鲜味，所以想到了包进油豆腐这种方法。这样可以将"乌贼丸子"的美味紧紧地锁住。

向客人展示丰富多彩的素材

"天妇罗串"由肉、鱼、蔬菜等多种食材制作而成，店家会向客人展示油炸前的新鲜食材。通过强调食材的优良品质，来提高顾客对"天妇罗串"的期待感。

明太子紫苏卷

//////////////////////////////////////

用苏子叶包住明太子，串在竹扦上。油炸时，明太子不要加热得过熟。这道炸串，除了辣味之外，还能享受到明太子黏稠绵软的口感，是一道很有人气的下酒菜。最后撒少许盐调味。

1

将明太子切成 4 等份，各自用苏子叶包裹。苏子叶与明太子的搭配，一吃忘不了，拥有众多爱好者。

2

1 根竹扦上串 2 个裹上苏子叶的明太子。油炸后，苏子叶的绿色非常亮眼。苏子叶酥脆，明太子绵软，这两种食材的口感也十分相配。

阿波尾鸡配脆脆山葵泥

该店十分爱用德岛地区的食材。这道炸串使用的是德岛地产的品牌鸡"阿波尾鸡"的鸡胸肉,食用时用爽脆的山葵茎泥来搭配软嫩的鸡胸肉。

1

鸡胸肉扑上面粉,裹上面糊,放入油中。油炸时鸡胸肉上的面糊容易脱落,因此将食材放入油中之后,还需再加入少量面糊。从上方滴入面糊,裹住鸡肉。番茄等表面光滑的食材都需要这一步骤。

2

油炸好后撒上盐,提供给客人。装盘用的是黑色的碟子,因此撒上盐非常醒目。客人可以蘸碟子上的盐来调节口味。

带穗嫩玉米猪肉卷

使用穗甘甜、皮嫩软的嫩玉米，做成天妇罗炸串。嫩玉米带穗带皮焯水，卷上猪肉。该店喜爱使用当季食材，采访时是夏天，嫩玉米正当时。

1

嫩玉米焯水后剥去一部分皮，剩下的皮保留使用。把玉米穗折起来，方便卷上猪肉片。

2

嫩玉米用五花肉片卷起来。将猪肉一点一点错开，呈螺旋状卷起，随后切掉玉米根部。根据玉米的大小切成 3 ~ 4 等份，串在竹扦上。

["天妇罗炸串 山本家"多种多样的"猪肉卷"]

本店用五花肉卷蔬菜的方法，提供丰富多彩的"天妇罗串"。店家讲究食材品质，使用的是德岛"阿波猪"的五花肉。同时依据蔬菜的特点进行不同的调味，也增加了猪肉卷的魅力。

生菜奶酪猪肉卷

用五花肉将奶酪和生菜卷起来。搭配"御好烧"风味的酱汁和蛋黄酱，变身下酒小吃。

蒜薹猪肉卷

这道炸串充分发挥了蒜薹的香味和口感。炸好后喷上高汤酱油，撒上白芝麻和葱花。

牛油果奶酪猪肉卷

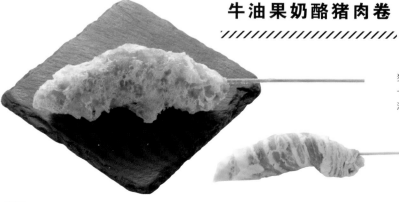

猪肉卷牛油果，油炸后口感软滑黏稠，十分美味。调味可以选择盐、胡椒或高汤酱油。

谷中生姜猪肉卷
//////////////////////

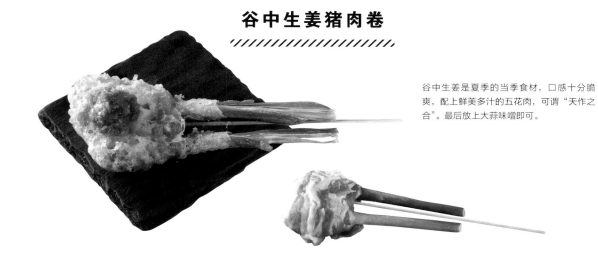

谷中生姜是夏季的当季食材，口感十分脆爽，配上鲜美多汁的五花肉，可谓"天作之合"。最后放上大蒜味噌即可。

万能小葱猪肉卷
//////////////////////

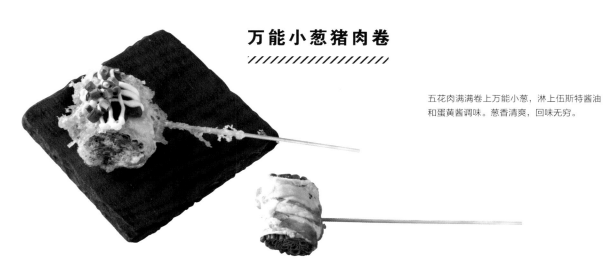

五花肉满满卷上万能小葱，淋上伍斯特酱油和蛋黄酱调味。葱香清爽，回味无穷。

蘘荷猪肉卷
//////////////////////

用盐和黑胡椒调味。蘘荷清爽的香味和黑胡椒的辣味很配。

德岛莲藕配高汤酱油

莲藕切厚片，做成"天妇罗串"，让客人享受热乎乎的美味。喷上高汤酱油调味。莲藕本身的美味和特制高汤酱油的香味，带来双重享受。

1

均匀地在莲藕片上撒上面粉，掸去多余的面粉，之后裹上面糊。面糊很容易积聚在藕孔中，要沥净后再放入锅中油炸。

2

油炸，保留了莲藕脆脆的口感，最后喷洒高汤酱油。使用熊本老字号"桥本酱油"的酱油来制作高汤酱油。

苦瓜虾

使用夏天当季的苦瓜，做成"天妇罗串"。斑节虾去壳，用切成半月形的苦瓜圈住，串在竹扦上。撒上甜辣酱，民族风的味道很有魅力。

嫩玉米配咖喱盐

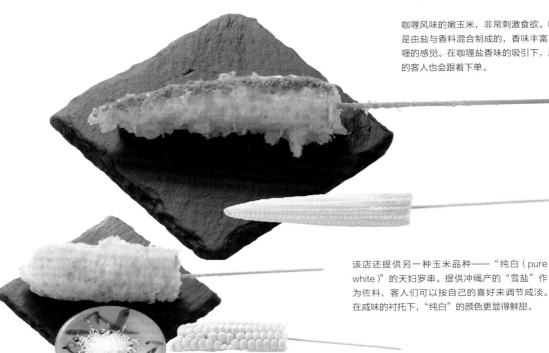

咖喱风味的嫩玉米，非常刺激食欲。咖喱盐是由盐与香料混合制成的，香味丰富，有咖喱的感觉。在咖喱盐香味的吸引下，周围桌的客人也会跟着下单。

该店还提供另一种玉米品种——"纯白（pure white）"的天妇罗串。提供冲绳产的"雪盐"作为佐料，客人们可以按自己的喜好来调节咸淡。在咸味的衬托下，"纯白"的颜色更显得鲜甜。

新鲜竹荚鱼和秋葵

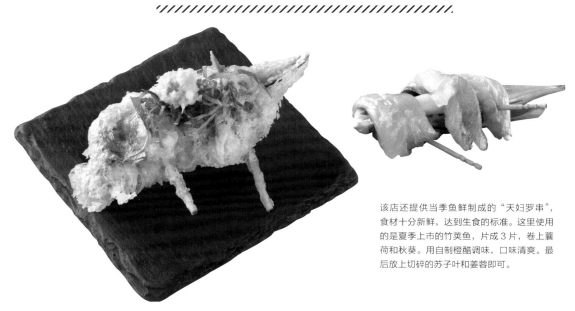

该店还提供当季鱼鲜制成的"天妇罗串"，食材十分新鲜，达到生食的标准。这里使用的是夏季上市的竹荚鱼，片成3片，卷上囊荷和秋葵。用自制橙醋调味，口味清爽。最后放上切碎的苏子叶和姜蓉即可。

小香鱼（和歌山）

店里夏天还会提供小香鱼。价格合理，下单时毫无心理负担，受到顾客好评。尺寸不大的小香鱼，油炸后可以连鱼头一起嚼。撒上盐调味，也可以根据自己的喜好挤上柠檬汁。

因为鱼比较小，所以整条串在竹扦上，挂上面糊油炸。口感轻脆的面衣与多汁滋润的鱼肉是绝佳搭配。

茄子配田乐味噌

///

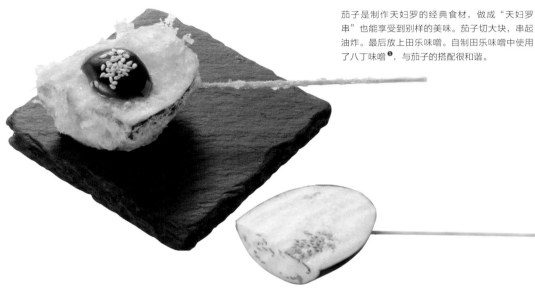

茄子是制作天妇罗的经典食材，做成"天妇罗串"也能享受到别样的美味。茄子切大块，串起油炸。最后放上田乐味噌。自制田乐味噌中使用了八丁味噌❶，与茄子的搭配很和谐。

小洋葱配特制咖喱酱

///

小洋葱对半切开，串在竹扞上，制成天妇罗串，配上特制的咖喱酱。比起咖喱粉，小洋葱更适合咖喱酱，所以采用了配咖喱酱的形式。

❶ 爱知县冈崎市八帖町（旧称八丁村）出产的一种需要长时间发酵的大豆味噌。——译者注

马苏里拉奶酪和圣女果配罗勒酱

将马苏里拉奶酪和圣女果交替串在竹扦上，最后淋上罗勒酱，洋溢着意大利风味。刚出锅的奶酪和圣女果可以使人感受到美味在口中跳跃。

蘑菇香肠

香肠深受上班族的欢迎，我们将它做成了天妇罗串。香肠和蘑菇的组合，是一道合格的下酒菜。

手工鸡肉丸和青椒

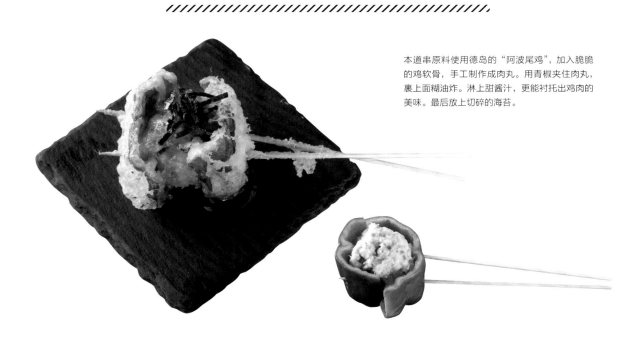

本道串原料使用德岛的"阿波尾鸡"，加入脆脆的鸡软骨，手工制作成肉丸。用青椒夹住肉丸，裹上面糊油炸。淋上甜酱汁，更能衬托出鸡肉的美味。最后放上切碎的海苔。

培根和卡芒贝尔奶酪

培根切厚片，配上卡芒贝尔奶酪。这道天妇罗串非常适合搭配啤酒或苏打威士忌。培根和卡芒贝尔奶酪交替串在串上，最后调味时撒上冲绳产的"雪盐"和黑胡椒。

鳗鱼烤串 · 野味烤串

东京 · 新宿
新宿寅箱

高品质、价格合理的鳗鱼和野味备受好评，
用"串"抓住顾客的心

　　2017 年 5 月，"新宿寅箱"开门营业，店主杉山亮同时还是"和 GALICO 寅"（东京·池袋）的老板。"和 GALICO 寅"注重提供高性价比的野味料理，大受好评。"新宿寅箱"则是在鳗鱼料理上下功夫，同样追求高品质以及合理的价格。店家从老字号水产批发公司采购优质鳗鱼。"这个公司和高级餐饮店的交易比较多，定期会进野生鳗鱼。我本来就喜欢鳗鱼，但结识这家公司是让我决定开店的重要原因。"菜单中包括"蒲烧鳗鱼拼盘"和"全烤鳗鱼拼盘"，为了缩减人工费，降低这些菜品的出售价格，店里的饮品及熟食小菜都是自助式的。这样一来，店家也有余力提供食材成本率高达 50%，用鳗鱼不同部位制作的"鳗鱼烤串"。鳗鱼烤串十分受欢迎，也给这家店带来了人气。

店铺信息 地址：东京都新宿区新宿 5-10-6 宫崎大楼 1F　电话：03-5357-7727　客容量：37 平方米 / 25 座

鳗鱼串·鱼尾

鳗鱼串·鱼颈

下一页中将介绍"蒲烧鳗鱼",该店的"鳗鱼串"利用的就是制作蒲烧鳗鱼后剩余的部位。"鱼尾"指的是鳗鱼尾部肉较多的部分,口感富有弹性。蒲烧鳗鱼制作后留下的碎料也可用在鱼尾烤串中。

"鱼颈"指包含鱼鳍在内的鱼头附近的部位,口感爽脆。鳗鱼串调味可以选择盐,但店家更推荐酱汁。鳗鱼串炭火烤香,酱汁更能衬托其美味。

"蒲烧"和"串烤"两种方法，让整条鳗鱼物尽其用

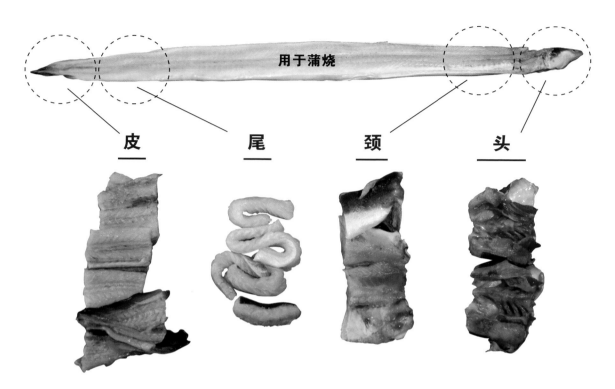

用于蒲烧

皮　　　　**尾**　　　　**颈**　　　　**头**

鳗鱼是从头到尾整条购入的。提供的是关西风格的"蒲烧"，即直接生烤而不先蒸熟。除了用于蒲烧的部分之外，皮、尾、颈和头都做成烤串。"全烤鳗鱼拼盘"集合了鳗鱼所有的部位，也很受欢迎。除了以上几种食材外，该店还提供"烤鳗鱼肝"。

尾

颈

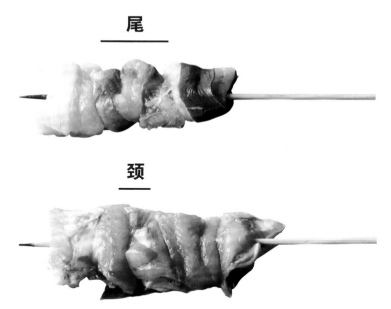

鳗鱼皮很硬，很难穿透。所以要将竹扦从鱼皮和鱼肉之间插过。这样鱼肉就不会散，而且能轻松地串上串。

鳗鱼串·鱼皮

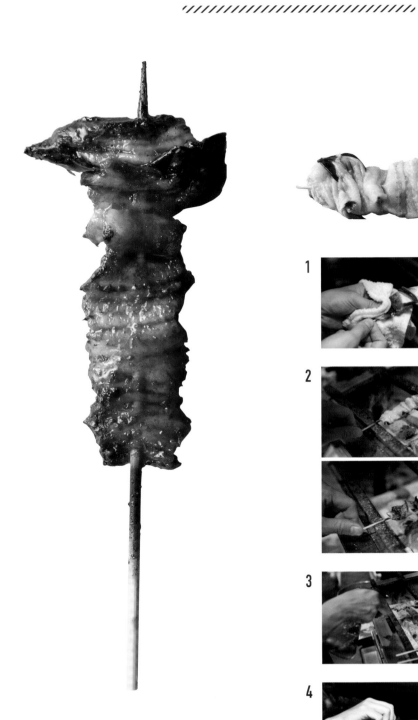

1
要想将鱼皮烤酥脆，必须要将鳗鱼皮表面的黏液擦干净。清理鳗鱼时，先擦一遍鳗鱼皮上的黏液。如果需要的话，烤制之前再次擦去黏液。

2
用炭火烤。首先将表面烤干，然后大火将鱼皮烤脆。鳗鱼脂肪多，烤制时油脂会流出，带来了一些油炸的效果，这也是"鳗鱼串"独一无二的特点。

3
用喷雾器喷上味醂，待味醂蒸发后再浸入酱汁，这样酱汁更容易停留在食材上。

4
浸入酱汁，再放在炭火上烤香就完成了。酱汁由清酒、酱油和味醂调成，反复使用。每用一次，其中鳗鱼的脂肪和鲜味都会增加一些。

我们将鳗鱼尾尖的部分称为"鱼皮"。虽然名字叫"皮"，但还是有一些肉的，不过鱼肉很薄，因此可以尽情享受鳗鱼皮的酥香。

鳗鱼串·鱼头

1

将鳗鱼的头部完整切下，用于制作烤串。切掉坚硬的鱼嘴，打开鱼头，串上竹扦。

2

串好串，油炸一遍再烧烤。因为已经油炸加热过，所以要缩短炭烤时间，防止烤焦。

鳗鱼头直接生烤，有可能会嚼不动。因此油炸一遍之后再炭烤，吃起来更方便。口感酥脆，非常美味，即使是第一次吃鳗鱼头的客人也十分容易接受。

鳗鱼串·鱼肝

营养价值极高的鳗鱼肝也用来制作烤串。鳗鱼肝没有腥味，美味且口感独特，再加上酱汁的香味，很下酒。

该店还提供其他优质烤串

鹌鹑

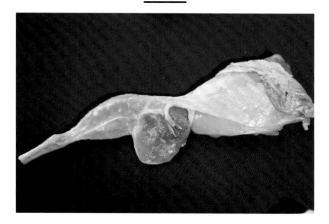

鸭（里脊）

其他烤串·鹿（腿肉）

烤得多汁软嫩，让客人尽情享受鹿腿肉的美味。串肉时，使每块肉略呈拱形，这样烤出来品相更好。

1

烤前先给肉的表面抹上油，烤前都要进行这一步。

2

首先大火烤制鹿肉表面，然后转小火慢烤，这样可以保留住汁水。

3

调味只用盐。烤好前撒上盐（图为店长森田真实），最后搭配上辣味噌和山葵泥，按自己的喜好蘸取食用。

其他烤串•猪（梅花肉）

使用高品质的猪肉，肥肉香甜美味。梅花肉是猪肉的精华部位，肥瘦肉的美味融为一体。制成烤串时，一定要使用带肥肉的部分。

其他烤串·鸭（里脊）

串成串时，将鸭皮放在同一侧。鸭皮烤得焦脆，鸭肉鲜嫩多汁，更能发挥出鸭子的美味。

串烤鹌鹑

///////////////////////////

好吃的秘诀在于将皮烤脆，鹌鹑也是如此。小火慢慢烤制，这样肉才不会柴。最后用大火将鹌鹑皮烤脆。

烤鸡皮

/////////////////////

鸡皮的油脂味道相对比较清爽。在最后阶段用大火烤，烤至整体香脆。

东京·代代木

神鸡　代代木

最重要的是发挥食材本味，
追求不会被时代抛弃的正统味道

　　该店以鸡肉为中心食材，广泛采用日本各地的鸡肉料理做法，菜品丰富，包括烤鸡肉串及鸡汤锅等，目前已开设了 10 家店铺。店里提供 24 种烤串，比如烤鸡肉串、蔬菜串、变种串、肉卷串等。"我们并不将造型上的有趣和奇特作为卖点，只追求把食材烹饪得更美味。"正如该店的经营方式，株式会社 Hi-STAND 的代表户田博章所说，该店主打传统烤串，目标是打造经久不衰的菜式。食材选择的是养殖的小鸡，比土鸡更适合用来制作烤串。大部分的鸡肉串调味只用盐，这也是该店的特点。一串串的重量在 55 克左右，分量令人满足。制作时十分讲究切肉的方法和串串的顺序，美味由此得以提升。从"不浪费"的理念出发，对一般会被丢弃的部位也用心进行加工，制成菜肴。正是这种对食材的不懈追求，该店诞生了博多地区的名菜"串烤鸡皮"等热门菜，吸引了各年龄层的顾客。

店铺信息　地址：东京都涉谷区千驮谷 5-20-51 近新宿暖帘街　电话：03-3226-8330　客容量：65 座

串烤鸡皮

/////////////////////////

1 鸡脖子皮切成细条，一头折叠起来，插入竹扦，然后用手捏住。将鸡皮沿着竹扦一圈一圈向上缠绕。鸡皮烤后会收缩，所以要卷紧，不留缝隙。

2 卷完后将末端插入竹扦中固定，用手按压鸡皮，使其成形。博多地区的人们倾向于同一品种一下点好几串，所以每串的分量并不多。但在东京，客人们喜欢每个品种都尝试一下，所以每串要有一定的分量。

3 将鸡皮串放烤架上小火烧烤，中途刷上自制酱汁，烤 4～5 小时，以去除多余的油脂。结束后冷藏静置，再取出，小火烘烤。这样重复 7 次，处理好后用于最后烤制。

4 接到订单后给烤串喷上酒，撒上盐。喷酒既能盖住鸡肉的腥味，又能提高导热效率。

5 在烤架火力强的地方，将表面快速烤一下。事先的准备过程中，脂肪已经被去除，这样才能将鸡皮烤脆。

6 表面烤脆后，浸入自制酱汁，再次大火炙烤一下即可。考虑到与鸡皮的搭配，酱汁是咸甜味的，是边用边添的老卤。

在博多地区颇受欢迎的一种烤串，被端上了这里的餐桌。小火慢烤后放入冰箱中熟成，这道工序需要反复 7 次，花费 3 天时间，这样可以去除多余的油脂。鸡皮外酥内鲜，不是一般鸡皮烤串的味道。喜欢的客人往往要点好几串。

鸡肝

1 将连在一起的鸡心和鸡肝切分开。鸡肝对半切开后用刀去除筋膜。

2 鸡肝清理干净后切稍大的块。

3 店里使用的烤架，中心区域的火力更强。考虑到这一点，最下面一块鸡肝切小一些的块，可以烤得更均匀。因为鸡肝比较软，烧烤的时候竹扦容易空转，所以这里我们使用的是扁竹扦。

4 从竹扦末端，一块一块地串上鸡肝。串的时候使鸡肝略呈弓形，烤出来的造型更丰满。

5 烤前给鸡肝喷上酒，整体撒上盐。独创的混合盐咸味温和，稍微多撒一点也不觉得咸。

6 将鸡肝串好放在烤架上，表面变色时翻面，烤至外观饱满，内部半熟的状态。烧烤时间过长的话，口感会变干柴。表面仍留有些许红色时，即可完成烧烤。

使用新鲜、没有腥味的鸡肝，烤至半熟，十分丝滑浓郁。搭配盐来享用，更能体会其美味。每块鸡肝切得稍大一点，这样一串才能达到 55 克，分量让人满足。

鸡心

关于烤架

使用的是丸善牌的燃气烤架，温度调节十分准确，可以控制在固定温度下燃烧，与烧炭相比，操作容易，维护也更方便。在品质方面，也能防止干柴，锁住食材水分。

1  切去心脏根部的白色部分（大血管），用在别的烤串里。扯去心脏筋膜，在中心开一个口子。

2  打开心脏，用竹扦刮出里面的血块。不刮干净容易留有腥味。不要用水洗，会导致鲜味流失。

鸡的心脏部位，既有内脏肉特有的柔软，口感又很脆。仔细除去心脏中的血块，是保证美味的关键一步。心脏根部的白色部分切下，作为另一道烤串的食材备用。

3  将打开的鸡心按弓形串在竹扦上。喷上酒，撒上盐，翻面烧烤至变色，注意不要烤柴。

鸡脖子肉

////////////////////////

1  将鸡脖子肉较粗的部分（上部）纵向切成两半。因为肉厚，直接串起来的话，很难烤熟。

2  将肉条的一端插入竹扦，串成蛇形。

3  下方的肉串得窄一些，往上逐渐变宽。串的时候带一些宽度，便于储存肉汁，烤出来更鲜嫩多汁。

4  考虑到烤过后会缩水，需要将鸡肉串得紧一些。最后用手掌紧捏一捏，调整形状。

5  喷上酒，撒上盐和黑胡椒，脂肪多的部位搭配黑胡椒很合适。鸡脖子肉不容易烤熟，所以放在火力弱的位置慢慢烤。

鸡脖子上的肉，是经常活动的部位，所以肌肉发达、口感弹牙。肥瘦适中，味道也十分鲜美。将鸡脖子肉波浪形地串在竹扦上，下小上大，呈扇形。这样的串法使肉汁更容易储存在肉中。

心有所系

///////////////////////

连接鸡心和鸡肝的大动脉，也叫"心管"。9
只鸡才能凑够一串的量，是非常稀少的部位。
虽然也有的店放弃这个部位不用，但其脂肪
多又非常鲜美，所以本店将其列入菜单中。

1  处理鸡肝、鸡心时留下的大动脉，单个团起，一个一个串起来。串的时候寻找肉质比较结实的地方串。

2  一边压紧，一边串。喷上酒，撒上盐，上下翻转，烤香。

鸡翅尖

///////////////////////

鸡翅尖不做成烤串，而是
完整地烤制。店里也有不
少女性顾客光顾，所以烧
烤前在骨头周围划开口子，
方便脱骨食用。

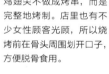

1  在鸡翅的两根骨头之间划一刀。

2  折一下鸡翅的关节处，露出翅骨。这样处理一下，骨头就很容易抽出，吃起来更方便。接到订单后，喷上酒，撒上盐，上下翻转，烤香即可。

鸡腿

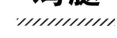

1  取用鸡腿肉上的"锦鸡蚝",使用其中的中心部位,称为"带子"。肉厚,水分多,口感软嫩。

2  将鸡腿肉切成均等厚度,鸡皮一面朝上,大小略加变化,切成4～5厘米见方的方块。边角肉切小块。

3  烤炉四周的火力较弱,竹扦底部串小块肉,防止烤得不均匀。

4  接着依次串上大葱,鸡肉、大葱,最后串上稍大块的鸡腿肉。鸡腿肉略从斜上方串入,"缝"在竹扦上。

5  串好后,将两端切整齐,使整体呈折扇形。

6  喷上酒,整体撒上盐。先烤鸡皮,上下翻转着烧烤,直到鸡皮烤脆。

使用鸡腿肉最为柔软的部分,我们一般将其称为"带子"。和大葱交替串起,做成烤串。串在下面的鸡肉切小块,避免烧烤不均匀。第一口鸡肉切大块,这样味道更有冲击力。

鸡肫银皮

//////////////////////

包裹鸡肫的银皮，因为比较硬，经常被削去不用。本店将 10 片左右的银皮串在一起烤制，让顾客享受其独特的脆爽口感。很多人吃过一次就爱上了。

原创自制盐

按照客人喜好我们也提供酱汁作为搭配，但大多数客人都会选择搭配盐来品尝。以咸味清爽、余味停留时间短的巴基斯坦粉岩盐为基础，再混合 4 种食材制成。乳制品粉末的甜味使咸味更温和，还能消除肉的腥味。

1
将刀放平，片下鸡肫周围的银皮。

2
从银皮的薄膜处串到中心附近，像缝制一样串紧。

3
每串用大约 10 片银皮，串成扇形。用喷雾器喷上酒，均匀地撒上盐，小火慢烤。

嫩鸡胸

1  撕去鸡胸肉表面的膜，去筋。

2  将鸡胸肉切分成同宽的块。基本上一条鸡胸肉可以切成4等份。

3  先串最小的一块肉。要领和串鸡腿肉一样，从斜上方串入，拱起地"缝"在竹扦上。

4  鸡胸肉切好后，从小块鸡肉开始，按顺序串上竹扦。

5  喷上酒，均匀撒上盐，放上烤架。表面变白后翻面。烤至鼓起，内里半熟即可。

6  烤好后，每一块鸡肉上都撒上柚子胡椒。

味道清淡的鸡胸肉，呈弓形串起，口感更软嫩。控制火候，中心部位烤到半熟。放上柚子胡椒，增加风味和香味。

鸡软骨

将带有横膈膜肉的三角软骨串在一起，进行烧烤。其既有软骨的脆，又有横膈膜肉的油脂感，是一款非常受欢迎的烤串。因为不容易熟，所以放在火力弱的位置慢慢烤。

1  将三角软骨较平的一面朝下，竹扦串过肉后，再串过软骨的中心。

2  之后，变换三角软骨的方向，左右交替地串在竹扦上。先串小一些的软骨，再逐渐串大的。

3  烧烤之后鸡肉会缩水，所以串的时候需要压紧软骨之间的间隙。四块软骨串好后呈扇形。

4  喷上酒，从高处均匀撒上盐，撒上黑胡椒。

5  从正面开始烤（装盘时朝上的一面），不停地上下翻转，完成烧烤。鸡肉过熟会变得干柴，影响口感，所以要用小火慢慢地烤。

咸鸡肉丸

//////////////////////////////

1
多取一些肉馅，团成圆子。

2
放入沸水中，煮至成形。

3
鸡肉丸子煮好后，用竹扦串过中心。一串用3个丸子。

4
用喷雾器喷上酒，撒上盐，慢烤。不时翻转烤串，锁住肉汁。

软骨脆脆的口感，加上大葱、苏子叶的风味，制成味道独特的咸味鸡肉丸。大颗肉丸，分量十足。因为肉馅很软，所以先稍微煮一下再串成串。这样肉丸不易脱落，也更容易烤熟。

青椒肉卷

///////////////////////////

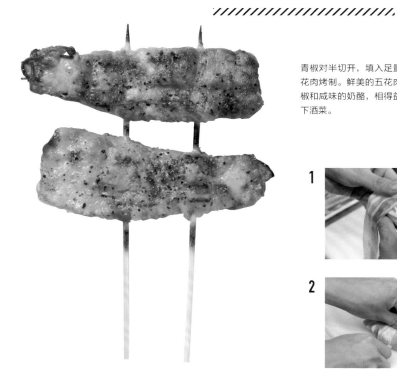

青椒对半切开，填入足量的碎奶酪，再卷上五花肉烤制。鲜美的五花肉，搭配略带苦味的青椒和咸味的奶酪，相得益彰，也非常适合作为下酒菜。

1 青椒纵向切成两半，去掉种子和瓤，去蒂，放入足量的碎奶酪。卷上五花肉，不让奶酪跑出来。露在外面的一截五花肉朝下放置。

2 喷上酒，撒上盐和黑胡椒，青椒切口朝下放在烤架上，烤至两面焦黄。

秋葵

///////////////

不改刀，完整烧烤，可以更好地展示秋葵的味道和形状。稍稍油炸后再烤，口感更加软糯。略加倾斜的造型充满动感，非常有趣。

1 秋葵去蒂，不改刀，直接串起来。串的时候瞄准较粗的部位，斜着串上。

2 中火油炸后再烧烤。口感软糯，色泽也更鲜艳。

3 喷上酒，撒上盐，快烤至焦黄。

厚香菇

使用肉质极厚的香菇，小火慢烤，烤出香菇中鲜味满满的汁水。烤香菇鲜美多汁，口感富有弹性，吸引了众多回头客。

1 菇伞背面朝上，从根部切下菇柄。切掉菇柄上较硬的部分。

4 烧烤时只烤菇伞表面，所以接到订单后，先要将香菇放入油锅，中火炸熟。

2 用两根圆竹扦，首先穿过香菇柄中间。

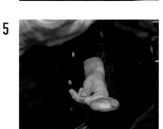

5 油炸后，从高处给两面撒上盐。

3 之后将菇伞背面朝上，再稳稳串上竹扦。

6 菇伞背面朝上，用小火慢慢烤。香菇的汁水聚集在伞盖里，咕嘟咕嘟地冒着泡。这时候不要翻面，保留精华，以飨食客。用手指触摸食材，变软即可。

蔬菜肉卷烤串

东京·北千住

包的一步

以"能喝酒的天妇罗店"为理念！
凭借变化多端的天妇罗炸串赢得顾客的心

　　该店的母公司为"一步一步饮食集团"（总裁大谷俊一），集团以东京北千住为大本营，开设有"炉端烧一步一步""饭团一步一步"等店铺。包括冲绳的 2 家店在内，该公司共拥有 10 家店铺。2016 年 10 月，"包的一步"在北千住站附近开业。该店的招牌是"蔬菜卷烤串"，用五花肉卷上不同种类的蔬菜烤制而成。因为蔬菜是主角，所以很健康，同时还能吃到肉，这一点大受女性顾客欢迎。开发菜品时主要考虑的是蔬菜和五花肉之间的平衡。希望客人既能品尝到蔬菜本身的美味，同时猪肉又能起到恰到好处的画龙点睛作用，达到最完美的效果。店里还有用牛肉、海鲜类食材制作的创意烤串，"隐藏菜单"中的煎饺也很受好评。来店的客人，既有一人独酌者，也有家庭聚会者。

店铺信息 地址：东京都足立区千住 2-61　电话：03-6806-2205　客容量：53 平方米 / 40 座

生菜卷

蔬菜卷中最受欢迎的是"生菜卷"。烤好后
取掉竹扦，切成适合的大小后上菜。爽脆的
生菜、多汁的五花肉、清爽的糖醋汁浑然一
体，十分美味。

1

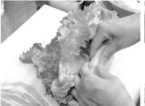

将几片生菜叠在一起（大叶子约3片），卷起来。卷到一半时，将生菜叶的左右两侧向内折叠，卷成圆柱。

2

生菜卷成圆柱后，再卷上五花肉。虽然也要考虑肉的大小，但一般用2片五花肉。2片五花肉并排放在一起，不留缝隙。上面放上生菜卷。

3

卷好后，切去露出来的生菜。该店制作蔬菜烤串时，大多只裹一层五花肉，做成"单层卷"。如果做成"双层卷"的话，肉味就会显得过强了。"单层卷"可以充分发挥蔬菜的味道。

4

串上2根竹扦，撒上盐后烧烤。其他的蔬菜卷都是放在烤网上烤，但生菜卷是架在两根棍子上烤的。这样做，"生菜卷"圆柱的弯曲部分更容易烤熟。中途翻面。

5

两面烤好后，对半切开。进一步烤生菜的中间部分，完成烧烤。生菜烤后会变得有点软，但还是保留着脆脆的口感。只卷了一层五花肉，所以肉烤熟需要的时间很短，足以保留生菜的爽脆。

6

拔出竹扦，对半切开。一盘4片，淋上特制的糖醋汁。用白高汤、醋、砂糖等调成的糖醋汁，甜酸适口，味道清爽，不会压住食材的味道，同时又能衬托出其美味。

万能小葱卷

//////////////////////////

食材两面撒上盐，放在烤网上。一面烤好后，翻过来烤另一面。店里的蔬菜卷烤串大多是按这样的手法烤制的。

葱绿赏心悦目，让人食欲大增。五花肉卷上满满的万能小葱，让客人们尽情享受葱香。最后淋上糖醋汁，可以解五花肉的油腻。

烤网慢火烤

制作蔬菜卷烤串时，使用的是燃气烤炉。放在烤网上慢慢烤制，既可防止五花肉烤焦，还能保持食材鲜嫩多汁。一些不容易熟的蔬菜要事先焯水。

富含矿物质的盐炒制后用于调味

选用矿物质含量丰富的盐，给蔬菜烤串调味。放入平底锅炒干水分，使用时更方便。

白灵菇卷

咬一口，白灵菇的香味和鲜美的汁水在口中扩散，受到顾客们的好评。白灵菇又叫阿魏菇或翅鲍菇。顾名思义，鲍鱼般弹性的口感也是它的魅力所在。五花肉和白灵菇的搭配相得益彰，是一道可以俘获"蘑菇迷"们的烤串。

卷上五花肉后，白灵菇鲜美的汁水被紧紧锁住。正因如此，一口咬下去的瞬间，汤汁会在口中迸发。

赏心悦目的"蔬菜卷烤串"

烧烤前，店家还会将"蔬菜卷"拼在一起，进行展示。看到色彩缤纷、形状多变、让人赏心悦目的"蔬菜串"，顾客的情绪也被调动起来。

面筋卷

/////////////////

生面筋的口感柔软筋道，很受女性顾客喜爱。绿色和黄色的搭配，看起来也很可爱。最后淋上自制的田乐味噌，就可以提供给客人了。食材使用的是京都产的生面筋。烤制时，生面筋一下子鼓起来的样子也很有趣。

芦笋卷

//////////////////

受女性顾客喜爱的芦笋肉卷烤串，在所有的品种中，下单量也位列前三。芦笋预先焯水煮熟，再卷上猪肉烧烤，这样烤出来口感极佳。调味只用盐。

雪割蘑菇卷

///

从群马县"月夜野蘑菇园"采购来的雪割蘑菇 ❶ 爽脆的口感是它的魅力所在。它的颜色十分独特，视觉上也带来冲击力。搭配橙醋萝卜泥一起享用。

牡蛎培根

///

爱吃牡蛎的客人绝对会喜欢这道烤串。培根卷上牡蛎，串在竹扦上烤制。牡蛎的鲜味加上培根的咸味，非常下酒，是最近本店十分受追捧的一道烤串。

❶ 日语称"雪割茸（ゆきわりたけ）"，是金针菇的改良品种。——译者注

肉眼烤串

使用群马县产"赤城牛"的肉眼肉。肥瘦比例极佳，很适合制成烤串。
一串重量在 50 ~ 55 克。因为分量大，也可以两个人一起分享。

5种口味可供选择

·盐	·大蒜酱油
·酱汁（烤肉风味）	·味噌酱汁
·葱泥橙醋	

"肉眼烤串"可以搭配左记的
5种佐料，增加了这道烤串
的吸引力。上图中，烤串搭
配的是葱泥橙醋。

No.01 蔬菜卷串屋 拗者

地址： 福冈县福冈市中央区大名 2-1-29AI 大楼 C 馆 1F
电话： 092-715-4550　**营业时间：** 17：30 至凌晨 1：00（L.O.24：301），周日 / 法定假日 17：00 ～ 24：00（L.O.23：30）　**休息日：** 无休

店主增田圭纪在东京拥有 5 家餐饮店。"拗者"是他在九州的第一家店铺，于 2011 年开业。招牌蔬菜肉卷串比普通的鸡肉烤串价格高，但每根肉串分量十足，让人满足。还有"山药明太可乐饼"等小吃。饮品也充满创意，用苏子叶代替薄荷叶，制成"和式莫吉托"。

店主
增田圭纪

No.02 炸物小店 糀 nature

地址： 福冈县福冈市中央区警固 2-13-7 奥克大楼 II 1F
电话： 092-722-0222　**营业时间：** 18：00 ～ 22：00　L.O. 酒吧时间 22：00 至凌晨 2：00（周五 / 周六 / 法定假日前一天 / 第二天到凌晨 3 点）　**休息日：** 每周二

店主伊藤先生经验丰富，熟悉日本料理、意大利料理、法国料理、调酒等各个领域。2011 年，伊藤选择了以炸串和红酒为主打，开始独立经营自己的饭店。炸串食材先用盐卤进行初步调味，菜单不固定，随着季节来调整。选择当天最佳的 8 ～ 10 道菜组合成推荐套餐。22 点以后酒吧开始营业。

店主
伊藤贵志

No.03 BEIGNET（贝尼耶）

地址： 大阪府大阪市北区芝田 2-5-6 新共荣大楼 1F
电话： 06-6292-2626　**营业时间：** 12：00 ～ 15：00，17：00 ～ 23：00
休息日： 年末年初

位于大阪梅田站旁边的"梅芝"区域，于 2017 年 2 月开业。主厨新井将太曾在东京、札幌的饭店工作，之后进入贝尼耶的运营公司"The DINING"工作。贝尼耶开业后，被选为首席厨师，前往大阪。除了炸串外，套餐还包括小食拼盘、冷盘、汤、沙拉、主食、甜品和香草茶。

厨师
新井将太

No.04 again

地址： 大阪府大阪市北区曾根崎新地 1-5-7 梅钵大楼 3F
电话： 06-6346-0020　**营业时间：** 18：00 ～ 24：00
休息日： 周日、法定假日

用美食取悦大众是该店的理念，店主利用自己的人脉关系，购入新鲜度出众的食材制作炸串。员工的平均年龄只有 23 岁，但已连续两年在米其林指南中获得一星，他们今后的目标是成为日本最有名的炸串料理店。2018 年 10 月搬迁至相邻的森大楼 4 楼，座位数也增加了一倍。

店长
仲村渠祥之

No.Ø5　蔬菜卷串　鸣门屋

地址：大阪府大阪市中央区难波千日前 7-18 千田东大楼 1F
电话：06-6644-0069　营业时间：17：00 至凌晨 1：00
休息日：无休

店长
濑川正之氏

该店经营的是 Enya 食品服务有限公司开拓的新业务，公司在大阪府开设有 8 家鸡肉烤串店，店名叫"炭火烧鸟 Enya"。该公司起源于福冈博多，蔬菜肉卷烤串在当地非常流行。"如果能将这种烤串与我们已有的烧烤技术结合起来，想必口味刁钻的关西人也会喜欢"，在这种想法的鼓舞下，这家店开张了。店家表示，"希望能将蔬菜肉卷烤串作为一种饮食文化传播到各地，也希望鸣门屋能成为这一领域的领军品牌。"

No.Ø6　Kotetsu

地址：京都府京都市下京区船头町 232-2
电话：075-371-5883　营业时间：18：00 至凌晨 1：00（L.O.24：00）
休息日：每周三

店长
田泽康史

位于河原町·木屋町小巷里的炸串专卖店。自 2012 年开业以来，一直由店长田泽康史一人主理。座位围绕厨房的 U 形柜台一圈（11 个），与工作人员和邻座距离更近，交谈更亲近，这也是该店魅力所在。炸串除了套餐外，也可以单点。此外，还有单品小吃可供选择。

No.Ø7　炸物酒吧　Ma Maison

地址：爱知县名古屋市中村区名站 1-1-1 KITTE 名古屋 B1F
电话：052-433-2308　营业时间：11：00～23：00（L.O.22：30）
休息日：无休

西餐营业部
区域负责人
前田好宣

Ma Maison 1981 年成立于名古屋，主打西餐和炸猪排，受到各年龄层顾客的喜爱，在日本国内外共开设了 30 多家店铺。炸串配葡萄酒的概念是该店的新尝试。店铺在名古屋站的商业大楼中，白天提供熟成猪排和蛋包饭等午餐，晚上则提供西式炸串和特色红酒，备受好评。

No.Ø8　天妇罗炸串　山本家

地址：东京都新宿区新宿 1-2-6 御苑花忠大楼 1F
电话：03-6709-8478　营业时间：工作日 16：00～24：00（L.O.23 点），周六 15：00～23：00（L.O.22 点）　休息日：周日、法定假日

店长
伊藤 将

招牌菜"天妇罗串"的种类非常丰富，店长伊藤将说："顾客们说每种串都很好吃，我们感到很开心。"单人消费大约为 4000~5000 日元。吧台占据中心位置，日式的时尚装修很有品味。食用天妇罗串无需用筷子，也很受外国顾客欢迎。

No.09　新宿寅箱

地址：东京都新宿区新宿 5-10-6 宫崎大楼 1F
电话：03-5357-7727　**营业时间：**周一至周五 11：30～14：00（午餐），
17：00～24：00，周六/周日 16：00～24：00　**休息日：**无休

鳗鱼和野味，品质高的同时价格也非常合理。使用当季食材，手工制作的熟食也很受欢迎。"蒲烧鳗鱼拼盘"，优质鳗鱼价格为普通鳗鱼价格的 2 倍，特优鳗鱼价格更高。时价（计重）的"全烤鳗鱼拼盘"，性价比很高。

店主
杉山亮

No.10　神鸡　代代木

地址：东京都涉谷区千驮谷 5-20-51 近新宿暖帘街
电话：03-3226-8330　**营业时间：**15：00～24：00
休息日：无休

一家价格合理的鸡肉料理专营店，提供鸡肉烤串、鸡汤锅、半身炸鸡等多种多样的鸡肉菜，客人还能以合理的价格品尝到鸡肉中的稀少部位。酒类品种也很丰富，长野的地产酒、信州的葡萄酒，还有一些创意酒品，比如在日本酒中加入酸橙汁调成的"武士加冰"，待您品尝。店铺是独门独院，内有吧台座、包厢、卡座等可供选择，吸引着不同性别、不同年龄的客人。

服务指导
烧烤师
新井健太

No.11　包的一步

地址：东京都足立区千住 2-61
电话：03-6806-2205　**营业时间：**17：00～24：00
休息日：无休

店门口放置着了透明冷藏柜，展示着店家引以为傲的"蔬菜肉卷串"。店内有 8 个吧台座位，还有 24 张桌子，可以放松安静地享受美食。
店长清大起说："正如店名一样，我们会为北千住的顾客们奉上温暖的服务，营造家一般的氛围。"

店长
清大起氏

图书在版编目（CIP）数据

串料理：日本人气名店创意食谱 / 日本株式会社旭屋出版编著；李祥睿，梁晨，陈洪华译 . -- 北京：中国纺织出版社有限公司，2023.1（2024.4重印）
ISBN 978-7-5180-9474-5

Ⅰ.①串… Ⅱ.①日… ②李… ③梁… ④陈… Ⅲ.①食谱—日本 Ⅳ.① TS972.183.13

中国版本图书馆 CIP 数据核字（2022）第 058076 号

原文书名：NEW 串料理
原作者名：株式会社旭屋出版
NEW KUSHIRYOURI
© ASAHIYA PUBLISHING CO., LTD. 2018
Originally published in Japan in 2018 by ASAHIYA PUBLISHING CO., LTD.
Chinese (Simplified Character only) translation rights arranged with
ASAHIYA PUBLISHING CO., LTD. Through TOHAN CORPORATION, TOKYO.
本书中文简体版经 ASAHIYA PUBLISHING CO., LTD 授权，由中国纺织出版社有限公司独家出版发行。本书内容未经出版者书面许可，不得以任何方式或手段复制、转载或刊登。

著作权合同登记号：图字：01-2021-3093

责任编辑：舒文慧　　责任校对：高　涵　　责任印制：王艳丽

中国纺织出版社有限公司出版发行
地址：北京市朝阳区百子湾东里A407号楼　邮政编码：100124
销售电话：010—67004422　传真：010—87155801
http://www.c-textilep.com
中国纺织出版社天猫旗舰店
官方微博 http://weibo.com/2119887771
北京华联印刷有限公司印刷　各地新华书店经销
2023年1月第1版　2024年4月第2次印刷
开本：787×1092　1/16　印张：9
字数：101千字　定价：78.00元